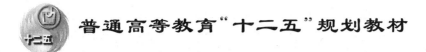

普通高等教育"十二五"规划教材

钒钛磁铁矿非高炉冶炼技术

主　编　杨绍利

副主编　马　兰　吴恩辉

U0326244

北　京

冶金工业出版社

2012

内 容 提 要

本书简要介绍了国内外钒钛磁铁矿资源情况,钒钛磁铁矿高炉冶炼概况,钒钛磁铁矿非高炉冶炼主要新工艺流程的研究及应用情况,包括钒钛铁精矿粉造球、直接还原基本原理、直接还原工艺及主要设备等。重点介绍了钒钛磁铁矿直接还原基本原理及其还原特点,转底炉、车底炉、隧道窑、竖炉及回转窑还原钒钛磁铁矿工艺研究情况。另外,还展望了钒钛磁铁矿非高炉还原工艺的发展趋势和发展前景。

本书可作为有关高校相关专业教学用书、有关企业工程技术人员及员工培训教材,也可供有关科研人员、工程设计人员参考。

图书在版编目(CIP)数据

钒钛磁铁矿非高炉冶炼技术/杨绍利主编. —北京:冶金工业出版社,2012.2

普通高等教育"十二五"规划教材
ISBN 978-7-5024-5421-0

Ⅰ.①钒… Ⅱ.①杨… Ⅲ.①钒钛磁铁矿—熔炼—高等学校—教材 Ⅳ.①TF521

中国版本图书馆 CIP 数据核字(2012)第 014362 号

出 版 人 曹胜利
地   址 北京北河沿大街嵩祝院北巷 39 号,邮编 100009
电   话 (010)64027926 电子信箱 yjcbs@cnmip.com.cn
责任编辑 张 晶 卢 敏 美术编辑 李 新 版式设计 孙跃红
责任校对 郑 娟 责任印制 张祺鑫
ISBN 978-7-5024-5421-0
北京百善印刷厂印刷;冶金工业出版社出版发行;各地新华书店经销
2012 年 2 月第 1 版,2012 年 2 月第 1 次印刷
787mm×1092mm 1/16;8.25 印张;199 千字;123 页
19.00 元

冶金工业出版社投稿电话:(010)64027932 投稿信箱:tougao@cnmip.com.cn
冶金工业出版社发行部 电话:(010)64044283 传真:(010)64027893
冶金书店 地址:北京东四西大街 46 号(100010) 电话:(010)65289081(兼传真)
(本书如有印装质量问题,本社发行部负责退换)

前　言

钒钛磁铁矿是以铁(Fe)、钒(V)、钛(Ti)元素为主,并有其他有用元素[钴(Co)、镍(Ni)、铬(Cr)、钪(Sc)、镓(Ga)等]的多元共生铁矿。由于铁、钛紧密共生,钒以类质同象赋存在钛磁铁矿中,故通常称为钒钛磁铁矿。钒钛磁铁矿在世界上分布很广,储量较大。过去由于技术、经济方面的原因,此种矿石曾被认为是"死矿"。近六七十年来,由于选矿和综合开发利用技术的进步以及钒钛磁铁矿冶炼研究工作的开展,钒钛磁铁矿不仅具有相当大的工业生产规模,而且形成了具有不同特色的工艺流程。冶炼钒钛磁铁矿不仅能产出大量的生铁,而且还可提取大量的金属钒、钛等,为相关产业提供了不可替代的物质基础。

炼铁生产主要有两种方法:一种是高炉法,另一种是少用焦炭或是不用焦炭的非高炉炼铁法。高炉炼铁仍是钒钛磁铁矿炼铁生产的主体,经过长期的发展,技术已经非常成熟,但高炉炼铁对冶金焦的依赖较强。随着焦煤资源的日渐贫乏,冶金焦的价格越来越高。为使炼铁生产彻底摆脱对冶金焦的依赖,开发了非高炉炼铁技术,并已初步形成以直接还原和熔融还原为主体的现代化非高炉炼铁工业体系。可以说,铁矿石直接还原与熔融还原是非高炉炼铁方法的两大课题,是炼铁冶金技术中的新工艺。

钒钛磁铁矿非高炉冶炼是非高炉炼铁技术的重要组成部分,由于钒钛磁铁矿成分及物相组成的特殊性,其非高炉冶炼工艺技术也存在特殊性。本书主要介绍钒钛磁铁矿几种主要直接还原新技术的原理、工艺流程及其主要特点。

本书由四川攀枝花学院杨绍利任主编,马兰、吴恩辉任副主编。其中第1章由高仕忠、邹建新、苟淑云、刘松利、马兰编写,第2章由周兰花、杨绍利、张利民、刘松利编写,第3章由马兰、杨绍利、李俊翰编写,第4章由杨绍利、吴恩辉、马兰、张树立、方民宪、刘松利、李亮编写,第5章由杨绍利、吴恩辉编写。

本书可作为材料科学与工程专业、材料成型及控制工程专业、冶金工程专业及矿物加工工程专业等本科生的技术基础课教材,以及相关专业硕士研究生的选修课教材,还可供钒钛及其相关产业工程技术人员、研究人员、项目开发商、投资者、企业员工及管理人员以及大专院校师生参考。

  本书编写过程中,得到了陈厚生教授的大力指导和帮助,参阅了国内外公开发表的大量文献资料,借此向各位作(译)者致谢。由于编者水平有限、经验不足、时间紧迫,不妥之处在所难免,恳请读者不吝赐教、批评指正。

编　者

2011 年 11 月于四川攀枝花

目　　录

1 绪 论

+-

本章学习要点:

1. 我国钒钛磁铁矿资源储量及其分布概况;
2. 钒钛磁铁矿几种典型选矿工艺的基本原理、工艺流程及其应用;
3. 钒钛磁铁矿高炉冶炼特点;
4. 非高炉冶炼的基本概念和主要工艺方法分类。

+-

1.1 钒钛磁铁矿资源概况

含钒钛磁铁矿岩体分为基性岩（辉长岩）型和基性-超基性岩（辉长岩-辉石岩-辉岩）型两大类，两种类型的地质特征基本相同，前者相当于后者的基性岩相带部分，后者除铁、钛、钒外，伴生的铬、钴、镍和铂族组分含量较高，因而综合利用价值更大。钒钛磁铁矿不仅是铁的重要来源，而且伴生的钒、钛、铬、钴、镍、铂族和钪等多种组分，具有很高的综合利用价值。

1.1.1 国外钒钛磁铁矿分布情况

目前国外钒钛磁铁矿主要分布在南非、前苏联、新西兰、加拿大、印度等地。但富矿和贫矿差别较大，其含量相对不均匀。表 1-1 是世界钒钛磁铁矿分布。

表 1-1 世界上钒钛磁铁矿分布（不包括中国）

国家和地区	矿床名称或所在地	储量/万吨		矿 石		精矿中含量/%	
		富矿	贫矿	类型	Fe/TiO$_2$	TiO$_2$	V$_2$O$_5$
美国	纽约州阿德朗达克					(16)	
	圣弗尔德·列克	20000		TCTK-TTK	1.5 ~ 2.5	9 ~ 12	0.6 ~ 0.9
	艾伦·梅津	5800	12000	TTK-TCTK	2.0 ~ 2.5	19	
	纽约州桑福德湖	20000				18 ~ 20	0.45
	加利福尼亚州洛杉矶圣加勃里山区					20	0.53
	德卢斯矿山					(1.0)	
	科罗拉多州加里布和铁山					(0.3)	
	怀俄明铁山					(0.4)	

国家和地区	矿床名称或所在地	储量/万吨		矿石		精矿中含量/%	
		富矿	贫矿	类型	Fe/TiO$_2$	TiO$_2$	V$_2$O$_5$
美国	罗得岛铁矿山						(0.3)
	阿拉斯加西南部		1000000	TCTK	7~10	2~3	0.3~0.5
加拿大	魁北克阿德湖					(35)	(0.27~0.35)
	摩林	500	200000	TCTK-CTK	1.5~4.0	1.5~6.0	0.3~0.5
	多里列克、齐博嘎梅		7200	TTK-TCTK	3~6	10~12	1.2~1.4
	拉克圣焦	300	20000	TTK-TCTK	2~4	0.1~16	0.1~0.8
	圣依列斯	200	100000	TTK-TCTK	1.8~3.0	7.6~9.2	0.5~0.54
	魁北克马格皮矿床	100000		TTK-TCTK	4	7.6~9.2	0.5~0.54
南非	布什维尔得	200000		TTK-TCTK	4	12~18	1.5~2.0
	里甘加	120000			4.5		
芬兰	奥坦马克	3500		TTK-CTK	3	4.7	1.1
	木斯塔瓦拉		3800	TCTK	8~9	4~8	1.6
瑞典	塔贝格		150000	TCTK	3~5	15.3	0.5~1.0
	鲁乌特瓦尼矿山					(10~20)	(0.26)
	克腊姆斯塔						(0.4)
	基律纳						(0.1~0.2)
挪威	特尔尼斯矿床	300000				18.4	0.5~1
	罗弗敦群岛（捷尔涅斯）	40000		TTK	1	3.2	
	勒德萨德矿床	10000				4	0.31
	鲁济瓦拉	5000		TTK-TCTK	4		
印度	比哈尔						(1.5~3)
	辛格布胡姆			TTK-TCTK	2~5		1.5~5.0
	梅尔布罕兹	800		TTK-TCTK	4	14	0.5~1.8
	迈索尔						1.5~3
前苏联	乌拉尔库萨矿床					12~14	0.54
	切尔诺烈申斯克矿床					10~16	0.4~0.8
	卡巴斯克矿床					14	
	科拉半岛普道日哥尔斯克					7~10	0.17
	卡奇卡纳尔						0.5~0.6
	谢布里雅夫尔			GTK-TCTK	1.0~1.5	7.8	0.2
	格列木雅哈			TTK-TCTK	2~3	14	0.4
	科夫多尔			GTK-TCTK	5~20		
	古谢夫戈尔				0.6	2~4	
	恰津			TTK-TCTK	4~6	11~12	0.5~0.6

续表1-1

国家和地区	矿床名称或所在地	储量/万吨		矿石		精矿中含量/%	
		富矿	贫矿	类型	Fe/TiO$_2$	TiO$_2$	V$_2$O$_5$
前苏联	萨尔马戈尔			GTK-TCTK	1～3	3.4～10.4	0.05～0.1
	维里雅尔维			GTK-TCTK	1.5～4.0	5.8～7.8	0.1～0.2
	叶列却吉尔			GTK-TCTK	2～3	9.4～12.0	0.6～0.8
	阿弗里坎德			GTK-TCTK	1～5	9.0～10.4	0.1～0.2
	维亚姆			TCTK	15～20	1.3～2.0	0.3～0.7
	沃尔柯夫			TCTK		5～8	1.0～1.2
	第一乌拉尔			TCTK	6～13	1～4	0.5～1.0
	斯瓦兰茨			TCTK	10～15	3.2～4.5	0.2～0.6
	沃林			TCTK-TTK	1.5～4.0	8～20	0.7～1.0
	诺沃谢尔科夫			TTK-CTK	6	0.5～1.9	0.9
	米德维杰夫			TTK-TCTK	3	9～13	0.5～1.0
	科潘			TTK-TCTK	3～4	9～15	0.5～0.9
	马特卡尔			TTK-TCTK	3～4	10～15	0.5～1.0
	维里霍夫			TCTK	10	3.9～5.0	0.6～0.8
	苏洛亚姆			LHS-TCTK	10	3.4	0.2～0.3
	杰宾布拉克			TCTK	8	4.7～5.6	0.1～0.5
	库林			GTK-TCTK	4～5	10.3～18.8	0.1～0.25
	库格达			GTK-TCTK	7～8	8～11	0.1～0.22
	波尔尤思赫			GTK-TCTK	5～8	10～14	0.1～0.2
	哈尔洛夫			TTK-TCTK	2.5～3.0	5～12	0.5～0.9
	帕延			TTK-TCTK	3.5	11～19	0.2～0.54
	里山			TTK-TCTK	1～3	7～15	0.2～0.3
	马洛-塔古尔			CTK-TCTK	2.5～5.0	2～8	0.4～1.5
	基吉			TTK-TCTK	2～4	7～18	0.16～0.5
	哈克特格			TTK-TCTK	4.3	8～14	0.15～0.52
	吉多依			TTK-TCTK	0.9～2.0	12～16	0.02
	阿尔申吉叶夫			TTK-TCTK	3.0～3.5	3～8	0.1～0.45
	斯留金			TCTK-TTK	2.0～2.5	5～15	0.6～0.95
	唯吉姆康			TCTK-TTK	2～3	5～11	0.67～1.0
	齐涅			TTK-TCTK	6	8～12	0.7～1.37
	安格莎			TTK-TCTK	2.5	7～14	0.1～0.7
	朱格朱尔			TTK-TCTK	2～4	14～20	0.06～0.3
澳大利亚	新南威尔士						(0.2～1.5)
	巴拉姆比	400		TTK-TCTK	1.7	29	1.2
	文多维	40		TTK-TCTK	5	7.5	1.6

续表 1-1

国家和地区	矿床名称或所在地	储量/万吨		矿　石		精矿中含量/%	
		富矿	贫矿	类型	Fe/TiO_2	TiO_2	V_2O_5
澳大利亚	西部钛铁矿						(0.2~0.5)
新西兰	北岛						0.3~0.5
智利							<0.5

注：1. TTK—钛铁矿，TCTK—钛磁铁矿，CTK—磁铁矿，GTK—钙钛矿，LHS—磷灰石。
　　2. 含量有括弧的为原矿。

1.1.2　我国钒钛磁铁矿分布情况

我国铁矿资源的现状是总量丰富但矿石含铁品位较低。目前已探明储量的矿区有1834处，总保有储量矿石463亿吨，居世界第5位。铁矿在全国各地均有分布，以东北、华北地区资源为最丰富，西南、中南地区次之。就省而言，探明储量辽宁位居榜首，河北、四川、山西、安徽、云南、内蒙古次之。中国铁矿以贫矿为主，富铁矿较少，富矿石保有储量在总储量中占2.53%，仅见于海南石碌和湖北大冶等地。

我国钒钛磁铁矿床分布广泛，储量丰富，储量和开采量居全国铁矿的第3位，已探明储量达300亿吨以上，主要分布在四川攀西（攀枝花—西昌），陕西汉中，河北承德，湖北郧阳，襄阳，广东兴宁，山西代县及黑龙江呼玛等地区。

我国现在已探明的主要大型钒钛磁铁矿床有：

（1）攀西地区钒钛磁铁矿：位于四川省西南部，包括攀枝花和凉山州的20余个县市。南北长约300km，已探明大型、特大型矿床7处，中型矿床6处。矿床主要分布在攀枝花的红格、米易白马、安宁、中干沟、湾子田、新街、中梁子等矿区，凉山州的矿床主要分布在太和、德昌、会理等矿区。2009年攀西地区钒钛磁铁矿探明储量约200亿吨（按TFe≥15%、TiO_2≥5%或V_2O_5≥0.1%测算），是全国储量最大的钒钛磁铁矿。

（2）承德地区钒钛磁铁矿：主要分布在大庙、黑山、头沟等地，现已探明的储量85亿吨，是仅次于攀西的全国第二大钒钛磁铁矿。

（3）广东省兴宁市霞岚钒钛磁铁矿：近年经普查和详查，探明矿山远景储量在4.5亿吨。

（4）陕西洋县毕机沟钒钛磁铁矿：矿区位于洋县、佛坪县、石泉县三县交界处，现已探明TiO_2储量210万吨，远景储量可达1亿吨以上。此外，陕西省紫阳县境内近年也发现钒钛磁铁矿，已详查和普查的5处矿床，钛磁铁矿储量达2.4亿吨，且伴生钒、磷等多种有用矿产。

（5）甘肃大滩钛铁矿：大滩钛铁矿地处天祝藏族自治县赛什斯镇，该矿是特大型单一钛铁矿，具有矿物组分简单、规模巨大、品位低等特点。目前，共发现9个矿区，55个矿体，资源储量3300万吨，其TiO_2平均品位6.17%。

1.1.3　河北承德地区钒钛磁铁矿资源情况

1.1.3.1　资源分布

承德地区钒钛磁铁矿资源丰富，在河北省和全国均占有重要地位。主要类型分为大庙式钒钛磁铁矿和超贫钒钛磁铁矿。截止2006年年底，承德地区共探明大庙式钒钛磁铁矿矿产地 38 处，保有资源储量可达 3.57 亿吨；超贫钒钛磁铁矿矿产地 54 处，保有资源储量可达 78.25 亿吨；伴生钒、钛、磷等资源储量分别为：钒（V_2O_5）金属量 703.06 万吨，钛（TiO_2）金属量 1.28 亿吨，磷（P_2O_5）矿物量 8218.49 万吨。

承德地区钒钛磁铁矿产出于超基性岩体、基性岩体中，展布于深断裂或大断裂及其附近的次级构造中，从南到北集中分布于承德南部的密云—喜峰口孤山子次级断裂、中部的红石砬—大庙—娘娘庙深断裂和北部的康保—围场深断裂等三个成矿区带中。其中，大庙式钒钛磁铁矿主要分布在双滦区大庙至承德县黑山—头沟一带。

超贫钒钛磁铁矿主要分布在宽城县碾子峪—亮甲台、滦平县铁马—哈叭沁、平泉县娘娘庙、隆化县大乌苏沟—龙王庙、双滦区罗锅子沟、丰宁县前营—石人沟和承德县高寺台—岔沟等七大成矿区域。另外，在围场县朝阳地温珠沟一带也有少量分布。

1.1.3.2　资源特点及潜力

钒钛磁铁矿是国际上公认的战略矿产。承德是我国重要的钒钛磁铁矿资源基地，与四川省攀西地区比较，承德地区钒钛磁铁矿矿物结晶颗粒粗，矿石结构松散，硬度小，主要含有铁、钒、钛元素，不含其他稀有元素，易采易磨易选，选出的含钒铁精矿品位可达到 60%～65%。承德钢铁公司自 20 世纪五六十年代即开始进行钒钛磁铁矿冶炼，是我国钒钛磁铁矿冶炼的发祥地。

依据矿体赋存状态，大庙式钒钛磁铁矿多采用地采方式开采，但占承德地区绝大部分的超贫钒钛磁铁矿多为大、中型矿床，开采技术条件简单，适于露天开采，规模开发，多数采选企业实现了零排放，采选对当地及区域水环境影响较轻。此外，超贫钒钛磁铁矿选矿企业尾矿排放量虽然很大，但尾矿中富含磷元素，有利于植物生长，易于恢复治理，开发利用对矿区生态环境影响不大。

1.1.4　攀枝花地区钒钛磁铁矿资源情况

1.1.4.1　资源分布

攀西地区钒钛磁铁矿资源极为丰富，主要以攀枝花钒钛磁铁矿为主。有最新数据显示，攀西地区钒钛磁铁矿探明储量已达 600 多亿吨，预计储量可达 1000 亿吨以上（按 TFe≥10%、TiO_2≥5% 或 V_2O_5≥0.1% 测算），可开发 300 年，是我国重要的铁矿石基地之一。铁矿储量占全国的 25% 以上，其中钛资源储量占全国的 90% 以上，占世界钛储量的 35% 以上。钛资源储量居世界首位，钒资源储量居世界第三位，全国第一位，铬资源储量占全国第一位。其中主要有攀枝花、红格、太和及白马 4 大矿床，都属于大型或特大型矿床，均产于基性及超基性岩体中。

1.1.4.2　资源特点及潜力

攀枝花钒钛磁铁矿的矿物成分较为特别：（1）矿体与岩体的矿物组成基本一致，只是含量不同而已；（2）含铁矿物种类较多，以钛磁铁矿为主，其次是钛铁矿、硫化物、硅酸盐矿物（主要是斜长石、辉石），次生的矿物有磁赤铁矿、赤铁矿、褐铁矿和绿泥石等。其中钛磁铁矿是一种复合矿物相，是固溶体分解形成的产物，溶剂矿物是磁铁矿，溶质矿物是钛铁晶石、微片晶状钛铁矿、镁铝尖晶石等。钛磁铁矿是最主要的含铁工业矿物，也是钛、钒、铬、锰等组分的主要载体矿物。

多年大量研究表明，攀西地区的钒钛磁铁矿主要以铁为主，并含有丰富的钒、钛、铬、镓、钴、镍、钪、铜、硫、磷、锰、硒、碲、铂族元素等多种有用伴生成分，实际上均为以铁为主的大型金属矿床，具有很高的综合利用价值。其化学成分见表 1-2。

表 1-2　钒钛磁铁矿三种选矿新产品的化学成分

类　别	化学成分/%						
	Fe	TiO_2	V_2O_5	Co	Ni	S	P
铁钒精矿	51.56	12.73	0.564	0.020	0.013	0.53	0.004
钛精矿	31.56	47.53	0.68	0.016	0.006	0.25	0.01
硫钴精矿	49.01	1.62	0.282	0.258	0.192	36.61	0.019

目前，攀枝花市从事钒制品生产的企业就有 17 家。钒产品成系列，品种最多，包括钒渣、工业五氧化二钒、高纯五氧化二钒、三氧化二钒、多钒酸铵、钒氮合金（氮化钒）、钒铁（中钒铁 FeV50、高钒铁 FeV80）、硫酸氧钒等。钒制品的国内市场占有率达到60%，国际市场占有率达到 15%，已成为国内第一、世界第二的钒产品生产基地。钛精矿生产厂共有 50 余家，钛精矿生产能力超过 160 万吨，是国内最大的钛精矿生产基地，国内市场占有率 50% 左右；钛渣生产企业有 9 家，总产能 25 万吨/年；生产钛白的企业 9家，钛白粉产能 33.5 万吨/年，占全国的 13.5%，总生产能力和生产规模已位居全国第一。

2001 年 12 月 18 日，国家科技部批准攀枝花为国家新材料成果转化及产业化基地。2008 年 7 月 19 日，攀枝花市被中国矿业联合会授予"中国钒钛之都"称号。"十二五"期间，攀枝花市将打造"千亿钒钛产业"，建成世界一流高水平战略资源开发基地。

1.1.5　钒钛磁铁矿资源开发利用情况

经过广大科技工作者几十年的技术攻关，攀枝花钒钛磁铁矿、承德钒钛磁铁矿高炉冶炼已实现了铁、钒元素的回收利用，突破了关键技术，形成了钒钛磁铁矿高炉-转炉流程的大规模工业生产，生产出了大量钢材及钢铁产品，为国民经济发展和地方经济建设做出了突出贡献。

高炉-转炉流程处理钒钛磁铁矿的主要优点是生产效率较高、规模大；主要缺点：一是"为取铁钒而丢掉了钛"，附产大量高钛型高炉渣，造成钛资源的大量流失，同时对环境造成污染和大的环保压力；二是工艺流程较长，生产成本较高，同时还必须以宝贵的焦炭作原料，限制了高炉流程的可持续发展。虽经多年研究和攻关，但对这种高钛型高炉渣仍没有得到科学合理的大规模应用，特别是攀钢高炉附产的大量高钛型高炉渣（含二氧化钛 22%～25%）堆积在金沙江边渣场，既对环境造成大的压力，又未能大规模提钛利用。

攀枝花钒钛磁铁矿资源大规模工业化开发利用始于 20 世纪 70 年代。在当时的历史条件下，主要以获得钢铁和钒作为开发的主攻方向。从 1970 年 7 月 1 日攀钢高炉投产到现在，每年高钛型高炉渣产量达 300 多万吨，目前已经堆积了上亿吨。这一方面造成了钛资源的严重浪费，另一方面又形成了巨大的环境压力，严重影响长江中上游地区的生态环境。

综上所述，随着钒钛磁铁矿综合利用技术的进步以及环保要求的日益提高，迫切需要开发新的钒钛磁铁矿处理工艺技术，以克服高炉冶炼工艺存在的固有缺点。

1.2 钒钛磁铁矿选矿工艺概况

中国各类型钒钛磁铁矿石究其矿物成分，则大同小异。主要有用矿物有钛磁铁矿、钛铁矿、黄铁矿及磁黄铁矿等；脉石矿物主要有辉石、长石、橄榄石等。按其选矿性质则可分为钛磁铁矿、钛铁矿、硫化矿及脉石四大类。通过合理分选过程，将能获得铁精矿、钛精矿、硫化物精矿及脉石（尾矿）等选矿产品。

中国钒钛磁铁矿石选矿研究工作，到目前为止约有数百篇试验研究报告及文献资料，也有一定数量的文章公开发表。至今，已建成的钛磁铁矿选矿厂有攀矿公司选矿厂、太和铁矿选矿厂、双塔山选矿厂、黑山选矿厂及原攀钢-西昌 410 选矿试验厂；正在建设的有白马铁矿选矿厂等。随着科学技术及生产实践不断发展，钒钛磁铁矿选矿技术，在选矿工艺、设备、新技术应用及技术经济指标等方面，都在不断地取得新的发展。

多年来，通过攀枝花—西昌地区钒钛磁铁矿选矿研究工作，为开发利用钒钛磁铁矿资源制定了一套较完整的钒钛磁铁矿选矿合理流程。

具体在选别方法上，钒钛磁铁矿的选别工艺包括重选、磁选、浮选和电选等方法。对钒钛磁铁矿的分选，采用磁选工艺最合理，也最广泛。

1.2.1 重选

1.2.1.1 概述

不同物料颗粒间存在密度差异，利用其在运动介质中所受重力、流体动力和其他机械力的不同，实现按密度分选矿粒群的过程称为重选（gravity concentration），粒度和形状亦影响按密度分选的精确性。

分选介质：水、重介质和空气，常用的是水。

在缺水干旱地区或处理特殊原料时可用空气，即风力分选。

在密度大于水或轻物料密度的重介质中分选，即重介质分选。

1.2.1.2 重介质种类

重介质包括重液、悬浮液和空气重介质。

重液：密度大于水的液体或高密度盐类的水溶液。

悬浮液：固体微粒与水的混合物。

空气重介质：固体微粒与空气的混合物。

水、空气、重液是稳定介质；悬浮液、空气重介质是不稳定介质。重选的特点是生产成本低，对环境污染少，因而备受重视。目前在提高重选效率、研制及使用新设备方面有了新进展。

1.2.1.3 基本原理

重选基本规律可概括为：松散—分层—分离。松散和运搬分离几乎是同时发生的；松散是分层的条件，分层是目的，而分离则是结果。

最早，从 20 世纪 50 年代研究从磁选尾矿中回收铁矿就是由重选法开始的。在开展重选法回收铁矿时，一般可以依据分选系数公式预先近似地评价矿物间分选的难易程度。利用重选方法对物料进行分选的难易程度可简易地用待分离物料的密度差判定，根据式（1-1）：

$$\eta = \frac{\delta_2 - \Delta}{\delta_1 - \Delta} \qquad\qquad (1\text{-}1)$$

式中　η——分选系数；

　　　δ_1——轻矿物密度，g/cm^3；

　　　δ_2——重矿物密度，g/cm^3；

　　　Δ——分选介质密度，g/cm^3。

根据 η 值结合表 1-3 来确定矿物的难选或易选。

表 1-3　矿物按密度分离的难易度

η 值	$\eta > 2.5$	$2.5 > \eta > 1.75$	$1.75 > \eta > 1.5$	$1.5 > \eta > 1.25$	$\eta < 1.25$
难易度	极易选	易选	可选	难选	极难选

1.2.1.4　重选方法

根据介质运动形式和作业目的的不同，重力选矿可分为：重介质选矿、跳汰选矿、摇床选矿、溜槽选矿和水力分级。

重选过程的共同特点：

（1）矿粒间必须存在密度（或粒度）的差异；

（2）分选过程在运动介质中进行；

（3）在重力、流体动力及其机械力的综合作用下，矿粒群松散并按密度分层；

（4）分层好的物料，在运动介质的运搬下达到分离，并获得不同的最终产品。

根据钒钛磁铁矿石特点主要介绍两种常用的重选方法：螺旋工艺和摇床工艺。

A　螺旋工艺

螺旋选矿机内，物料之所以得到分选，主要是受水流特性的影响。在螺旋槽面的不同半径处，水层的厚度和平均流速不同。越向外缘水层越厚、流速越快。随着流速的变化，水流在螺旋槽内表现为两种流态，即靠近内缘的层流和靠近外缘的紊流。

螺旋分选分离经过以下三个主要阶段：

第一阶段为分层阶段，在紊流作用下，重颗粒逐渐进入下层，轻颗粒逐渐进入上层。这一阶段在第一圈后初步完成。

第二阶段是分层结束的轻重颗粒的横向展开、分带过程。离心加速度较小的底层重颗粒向内缘运动，上层的轻颗粒向中间偏外运动，而悬浮的细泥则被甩向最外缘。流体的横向循环和螺旋面的横向坡度对这种分布具有重要的影响。随着回转运动次数的增加，不同的颗粒逐渐达到稳定运动的过程。

第三阶段即平衡阶段，不同性质的物料颗粒沿着各自的回转半径运动，分选过程完成，此后的运动将失去实际意义。

螺旋选矿机是综合利用重力、摩擦力、离心力和水流特性，使矿粒按密度、粒度、形状分离的一种斜槽选矿设备，其主体是一个 3～5 圈的螺旋槽，用支架垂直安装，如图 1-1 所示。

分选原理：槽的断面呈抛物线或椭圆形的一部分，见图 1-2。矿浆自上部给入后，在沿槽流动过程中，矿粒按密度发生分层，底层重矿物运动速度低，在槽的横向坡度影响下趋向槽的内缘移动；轻矿物则随矿浆主流运动，速度较快，在离心力影响下，趋向槽的外缘，于是轻、重矿物在螺旋槽的横向展开分布；靠内层运动的重矿物通过排料管排出，由上部排料管得到的精矿质量最高，以下依次降低。轻矿物从螺旋槽的末端排出。

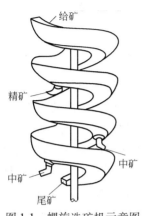

图 1-1　螺旋选矿机示意图

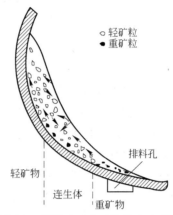

图 1-2　螺旋选矿中矿粒分选示意图

螺旋指标的影响因素：主要有结构因素和操作因素，前者有螺旋直径、槽的横断面形状、螺距和螺旋槽数；后者有给矿浓度、冲洗水量和矿石性质。

螺旋选矿机的应用：螺旋选矿机具有结构简单、不需要动力、操作维护简单和处理量大等优点，缺点是机身高度大，给矿和循环的矿需要砂泵输送。

螺旋选矿机可用于处理铬、钛、锡、钨、铌和钽等有色及稀有金属矿，也可用于分选弱磁性及非磁性矿石、磷酸盐及含云母的非金属矿。

B　摇床工艺

摇床选矿是在一个倾斜宽阔的床面上，借助床面的不对称往复运动和薄层斜面水流作用，进行矿石分选的一种设备，见图1-3。

图 1-3　摇床结构示意图

矿浆给到摇床面上以后，矿粒群在床条沟内借助摇动作用和水流作用产生松散和分层。在分选过程中，水流沿床面横向流动，不断跨越床面隔条，流动变化的大小是交替的。每经过一个隔条即发生一次水跃，见图1-4。

水跃产生的涡流在靠近下游隔条的边沿形成上升流，而在沟槽中间形成下降流。水流的上升和下降是矿粒松散、悬浮的动力，而松散悬浮又是发生颗粒分层并使得高密度颗粒转入底层的前提。由于底层颗粒密集且相对密度较大，水跃对底层的影响很小，因此在底层形成稳定的重产物层。

较轻的颗粒由于局部静压强较小，不能再进入底层，于是在横向水流的推动下越过隔

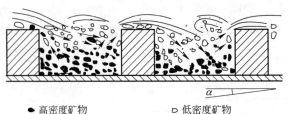

● 高密度矿物   □ 低密度矿物

图 1-4   物料在床间的分层状况

条向下运动。沉降速度很小的颗粒始终保持悬浮，随横向水流排出。

横向水流包括入料悬浮液中的水和冲洗水两部分。由于横向水流的作用，位于同一高度层的颗粒，粒度大的要比粒度小的运动快，密度小的又比密度大的运动快。

这种运动差异又由于分层后不同密度的颗粒占据了不同的床层高度而愈加明显：水流对于那些接近隔条高度的颗粒冲洗力最强，因而粗粒的低密度首先被冲下，即横向运动速度最大；沿着床层的纵向运动方向，隔条的高度逐渐降低，原来占据中间层的颗粒不断地暴露到上层，于是细粒轻产物和粗粒重产物相继被冲洗下来，沿床面的纵向产生分布梯度。由于床面前冲及回撤的加速度及作用时间不同导致的床面差动运动，引起颗粒沿床面纵向的运动速度不同。

摇床上的矿浆经过松散和分层两个过程，最先排出的是漂浮于水面的矿泥，然后依次为粗粒轻矿粒、细粒轻矿物粒、粗粒重矿粒，最后排出细粒重矿粒。

攀枝花钒钛磁铁矿的重选流程是一段磨矿，磨矿细度为 0.4mm，而双塔山选矿厂的重选工艺流程为两段磨矿磁选，第一段磨矿细度为 0.6mm，第二段磨矿细度为 0.2mm。图 1-5 是攀西某厂选钛的螺旋选矿机-摇床重选工艺流程图。

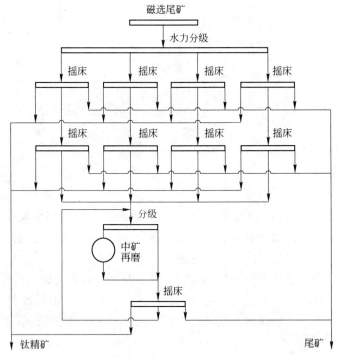

图 1-5   螺旋选矿机-摇床重选工艺流程

攀矿公司选矿厂磁选尾矿中 TiO_2 含量随粒度变细而升高。其中，+0.4mm 粒级品位为 2.29%，其产率为 8.03%，TiO_2 分布率为 2.03%，可以考虑作为尾矿丢弃。而 -0.04mm 粒级产率为 30.05%，含 TiO_2 9.61%，其 TiO_2 分布率达 31.85%。因此要注意微细粒级钛铁矿的回收。

考虑到磁选尾矿的粒度范围较宽，因而在采用重选法时要对磁选尾矿进行分级。一般采用水力分级机作为分级设备，也有的采用倾斜浓密箱或水力旋流器。分级的粒度范围依据试验研究者选用的分选设备不同而有所差异。常采用窄分级，其分级粒度范围为 0.4 ~ 0.1 mm、0.1 ~ 0.04 mm、-0.04mm。也有采用宽分级的，例如 0.4 ~ 0.05 mm、-0.05mm 等。

重选时，由于硫化矿物的密度与钛铁矿相近，故重选时硫化矿与钛铁矿一起进入重选产品中。然后再用浮选法将硫化矿分选出来。也曾经试验过在重选之前先浮选分出硫化矿物的方案。先浮选分离出硫化矿物对提高硫化矿的回收率有好处。但因硫化矿含量只有 1% 左右，故这种方法没有得到推广应用。

选用摇床为分选设备从双塔山选矿厂磁选尾矿回收钛铁矿的工业试验结果表明：当给矿品位为含 TiO_2 9% ~ 13% 时，摇床精矿含 TiO_2 38% ~ 41%，回收率为 44% ~ 52%。摇床精矿再进行硫化矿分选后，钛精矿的品位可提高 1.5%。

摇床的分选效果好，运行可靠。但其缺点是单位面积处理能力小，在某些地方，尤其在山区难于大量使用。

为使重选法得到广泛应用，多年来人们一直在寻求单位面积处理能力大、分选效果不低于摇床的重选设备。为此，对圆锥选矿机（组合溜槽）、螺旋选矿机、螺旋溜槽和梯形跳汰机等设备进行了分选钒钛磁铁矿的试验研究，结果表明，选别试验效果也较好。

1.2.2 电选

1.2.2.1 概述

对于磁性、密度及可浮性都很近似的矿物，采用重选、磁选、浮选均不能或难以有效分选，但可利用它们的电性质差别使之分选。目前除少数一些矿物直接采用电选（electrostatic separators）外，在大多数情况下，电选主要用于各种矿物及物料的精选。电选前，大多先经重选或其他选矿方法粗选后得出粗精矿，然后来用单一电选或电选与磁选配合，得出最终精矿。

矿物的电性质是电选的依据。所谓矿物电性质是指矿物的电阻、介电常数、比导电度以及整流性等，它们是判断能否采用电选的依据。出于各种矿物的组分不同，表现出的电性质也明显有别，即使属于同种矿物，由于所含杂质不同，其电性质也有差别，但不管如何，总有一定的变动范围可根据其数值大小判定其可选性。

1.2.2.2 电选原理

在高压静电场中，物料颗粒受电场的感应而带电。导电性好的颗粒在靠近电极的一端产生和电极极性相反的电荷，而另一端产生与电极电荷极性相同的电荷。颗粒所带的这种感应电荷在一定的条件下是可以转移的。如果移走的电荷与电极电荷相同，则剩下的电荷与电极相反，此时颗粒将被吸向电极一边。而导电性差的颗粒虽然处于同样感应电场，但只能被电场极化，此时颗粒两端虽然也表现出相反的电荷，但电荷不能被移走，因此不能表现出明显的电性而被吸向电极一边。

这样导电性不同的颗粒就出现了明显的分布差异，在其他外力的综合作用下，居于不同的区域，实现分选、分离。

1.2.2.3 电选过程

电选是在高压电场作用下，配合其他力场作用，利用矿物的电性质的不同进行选别的干选过程。无论是岩矿钛铁矿还是砂矿钛铁矿，电选都是其精选过程中不可或缺的一个工序，否则，单靠重选等是无法获得高品位钛精矿或铁精矿的。

电选机采用的电场有静电场、电晕电场和复合电场三种。矿粒带电的方法主要有传导、感应、电晕和接触摩擦等。

复合电场是指电晕电场与静电场相结合的电场，复合电场分选机的分选过程如图 1-6 所示。从结构形式上看，复合电场电选机多数为鼓筒型（小直径称为滚筒型），主要由给料斗、转鼓、传动减速机构、静电极、电晕极、分矿板等部分组成。

在有电场存在的条件下，物料经给料器给入旋转接地的鼓筒上，导体矿粒由于导电性较好，经传导而带上与静电极相异的电荷，被静电极吸引而首先离开转鼓表面，落入精矿斗，

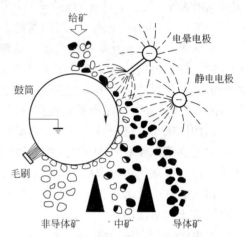

图 1-6 复合电场转鼓式电选机原理图

而非导体矿粒通过感应极化，因静电力的作用继续附着在转鼓表面，直至因重力而落入尾矿斗，从而实现分选。钒钛磁铁矿重选-电选原则工艺流程如图 1-7 所示。

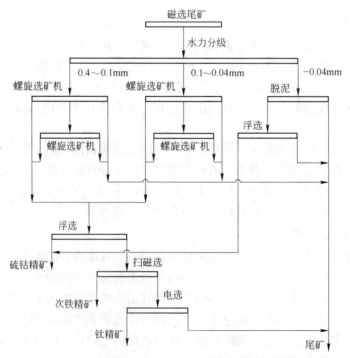

图 1-7 钒钛磁铁矿重选-电选原则工艺流程

1.2.3 磁选

1.2.3.1 概述

磁选（magnetic separation）是在不均匀磁场中利用矿物之间的磁性差异而使不同矿物实现分离的一种选矿方法。磁选既简单又方便，不会产生额外污染。磁选广泛地应用于黑色金属矿石的分选、有色和稀有金属矿石的精选、重介质选矿中磁性介质的回收和净化、非金属矿中含铁杂质的脱除等及垃圾与污水处理方面。

磁选是处理铁矿石的主要选矿方法。我国铁矿石资源丰富，目前探明的保有储量已近500亿吨，但是贫矿占90%左右，富矿储量较低，所以我国大部分铁矿石需要选矿处理。

1.2.3.2 磁选原理

混合物料进入磁选机的分选空间后，颗粒受到磁力和机械力（重力、离心力、惯性力、流体动力等）的作用。磁选的必要条件是作用在较强磁性矿石上的磁力 F_1 必须大于所有与磁力方向相反的机械力（包括重力、离心力、水流阻力等）的合力 $\sum F$，作用在较弱磁性颗粒上的磁力 F_2 必须小于相应机械力的合力 $\sum F$，即：

$$F_1 > \sum F > F_2$$

磁选的实质是利用磁力和机械力对不同磁性颗粒的不同作用而实现分离矿物。

1.2.3.3 磁选过程

磁选是根据各种矿物磁性的差异进行分选的一种方法。例如湿式弱磁选过程，当矿浆通过磁选机磁场时，由于矿粒的磁性不同，在磁场的作用下，磁性矿粒受磁力的吸引附着在磁选机的圆筒上，并随圆筒一起被带到一定高度后被冲洗水从筒上洗下，从而使磁性矿粒与非磁性矿粒分开，如图1-8所示。

攀枝花-西昌地区钒钛磁铁矿石嵌布粒度较粗并且属于不均匀嵌布，在破碎和磨矿时，较粗粒物料中，可产生部分单体脉

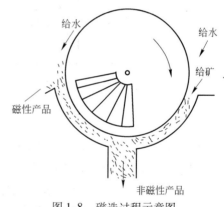

图 1-8 磁选过程示意图

石或贫连生体矿物产品，对其进行磁力分选，就能排出部分粗粒尾矿。因此，曾对各矿区矿石进行了全面的（包括粗粒干式磁选作业的）两段或多段磨矿磁选工艺流程试验。

在第一段磨矿粒度为 0.6 ~ 2.0mm、第二段磨矿粒度为 0.2mm 的条件下，分别进行阶段粗选、精选及扫选，都可排出粗粒尾矿及获得合格 54% ~ 56% 的铁精矿产品。

1.2.4 浮选

1.2.4.1 概述

浮游选矿又称浮选（floatation separation），是细粒和极细粒物料分选中应用最广、效果最好的一种选矿方法。对于由于物料粒度细等因素重选方法难以分离的，一些磁性和电性差别相对较小，磁选和电选难以分离的物料，根据矿物表面性质的不同，通过药剂和机

械作用，采用浮选法可以分离出有用矿物和脉石矿物。

现代浮选过程一般包括以下作业：

(1) 磨矿。先将矿石磨细，使有用矿物与脉石矿物解离。

(2) 调浆加药。调整矿浆浓度至适合浮选要求，并加入所需的浮选药剂，以提高效率。

(3) 浮选分离。矿浆在浮选机中充气浮选，完成矿物的分选。

(4) 产品处理。浮选后的泡沫产品和尾矿产品进行脱水分离。

1.2.4.2 基本原理

矿物表面物理化学性质，即疏水性差异是矿物浮选的基础，表面疏水性不同的颗粒其润湿性不同。通过适当的途径改变或强化矿浆中目的矿物与非目的矿物之间表面疏水性差异，以气泡作为分选、分离载体的分选过程即浮选。浮选过程见图1-9。

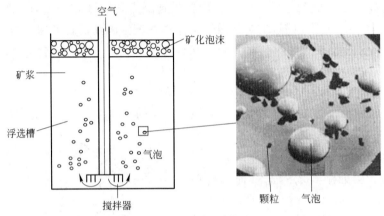

图1-9 浮选过程

对于上浮的固体颗粒，其表面一定是疏水的，即仅为部分水润湿。接触角是反映矿物表面亲水性与疏水性强弱程度的一个物理量，成为衡量润湿程度的尺度，它既能反映矿物的表面性质，又可作为评定矿物可浮性的一种指标。

将一水滴滴于干燥的矿物表面上，或者将一气泡引入浸在水中的矿物表面上，如图1-10所示，就会发现不同矿物的表面被水润湿的情况不同。在一些矿物（如石英、长石、方解石等）表面上水滴很易铺开，或气泡较难在其表面上扩展；而在另一些矿物（如石墨、辉铜矿等）表面则相反。图1-10所示的这些矿物表面的亲水性由右至左逐渐增强，而疏水性由左至右逐渐增强。

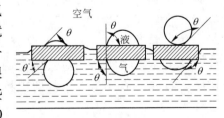

图1-10 矿物表面润湿现象

固-液-气三相界面张力平衡时见图1-11，其平衡状态方程（Young 方程）为：

$$\cos\theta = \frac{\gamma_{SA} - \gamma_{SW}}{\gamma_{WA}} \qquad (1-2)$$

式中，γ_{SA}、γ_{SW} 和 γ_{WA} 分别为固-气、固-液和液-气界面自由能。

由式（1-2）可知：$90° < \theta < 180°$时，$\gamma_{SA} < \gamma_{SW}$，称为疏水性；$0° < \theta < 90°$时，为亲水性；$\theta = 90°$时为分界线。

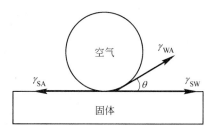

图 1-11　泡沫与固体颗粒之间存在一个平衡系接触角

1.2.4.3　浮选过程

浮选过程一般包括以下几个过程：

（1）矿浆准备与调浆。可以通过添加药剂，人为改变矿物的可浮性，增加矿物的疏水性与非目的矿物的亲水性。一般通过添加目的矿物捕收剂或非目的矿物抑制剂来实现。有时还需要调节矿浆的 pH 值和温度等其他性质，为后续的分选提供对象和有利条件。

（2）形成气泡。气泡的产生往往通过向添加有适量起泡剂的矿浆中充气来实现，形成颗粒分选所需的气液界面和分离载体。

（3）气泡的矿化。矿浆中的疏水性颗粒与气泡发生碰撞、附着，形成矿化气泡。

（4）形成矿化泡沫层、分离。矿化气泡上升到矿浆的表面，形成矿化泡沫层，并通过适当的方式刮出后即为泡沫精矿，而亲水性的颗粒则保留在矿浆中成为尾矿。

浮选是根据矿物表面物理化学性质的差异进行分选的过程。通过添加药剂和调节矿浆 pH 值和氧化还原电位，可以改变矿物的可浮性，从而达到不同矿物的有效分离。在钒钛磁铁矿选矿中，浮选主要用在原生矿分选出硫化物矿物，这一过程既可降低硫化矿物含硫量，也是综合回收某些贵金属的方法，浮选也是回收微细粒级矿较为有效的方法。

浮选法是回收细粒钒钛磁铁矿的有效方法，如我国的承钢双塔山选矿厂、重钢的太和铁矿，以及攀钢选钛厂等。进行钒钛磁铁矿浮选之前，先要用浮选法分选出硫化矿物，然后再浮选钒钛磁铁矿。硫化物浮选采用常规浮选药剂制度，即用黄药为捕收剂，2 号油为起泡剂，硫酸为 pH 调整剂，有的选厂还采用硫酸铜作为硫化矿物浮选的活化剂。图 1-12

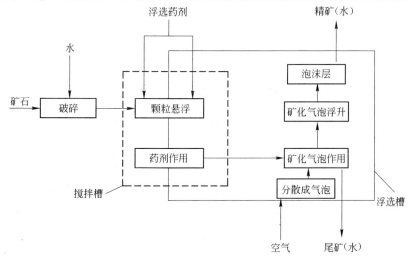

图 1-12　泡沫浮选过程工艺示意图

是攀矿公司尾矿车间浮选机生产现场流程示意图。浮选机内各作用区的分布见图 1-13。

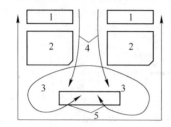

图 1-13   浮选机内各作用区的分布
1—刮泡区；2—浮选区；3—浆气混合区；
4—充气路线；5—矿浆循环路线

对钒钛磁铁矿浮选药剂的研究比较多，钒钛磁铁矿常用的捕收剂为脂肪酸类，国外多用油酸及其盐类，如塔尔油皂或使用捕收剂与煤油混合。近年来有人研究使用乙羟基肟酸、苯乙烯膦酸、水杨羟肟酸等作为钒钛磁铁矿浮选捕收剂。

两种或多种药剂组合起来其选别效果往往优于其中任何一种药剂，这就是药剂的协同效应。近年来采用混合药剂浮选钛铁矿成为研究的主要方向。用苯乙烯膦酸与松醇油 4:1 比例混合，用来浮选攀枝花细粒钛铁矿，效果较好，经一次粗选，五次精选可获得含 TiO_2 47.22%，回收率 74.58% 的钛精矿。MOS 捕收剂浮选攀枝花细粒钛铁矿时，给矿原矿品位 21%，精矿品位 47.5% 以上，浮选回收率 70% 左右。目前，该厂已用 MOS 捕收剂进行浮选钒钛磁铁矿生产。F968 组合药剂浮选攀枝花钒钛磁铁矿，可实现全粒级入选（−0.015mm，+0.010mm）。采用肟酸、煤油等组分配成 ROB 捕收剂，以复配脂肪酸皂为捕收剂，$Pb(NO_3)_2$ 为活化剂，在不添加任何抑制剂的情况下，实现了钒钛磁铁矿与脉石矿物的良好分离，浮选回收率可达 63.25%。

综上所述，从攀西铁精矿多年生产实践证明，铁精矿的特性主要表现在其产品成分稳定，含铁量波动小，含水分低，有利于烧结及工艺操作；其 $(CaO+MgO)/(SiO_2+Al_2O_3)$ 比值大于 0.5，冶炼时熔剂单耗低，烧结矿铁品位下降比普通铁精矿少；含磷低，磷含量小于 0.01%；硫含量小于 0.7%，经烧结后硫含量下降到 0.02%~0.03%；含 V_2O_5 高，V_2O_5 含量大于 0.54%，冶炼后 70% 左右的 V_2O_5 进入生铁，有利于进一步提钒及改善钢铁性能；含 Co、Ni、Mn、Cr 等均对冶炼产品提高性能有利；TiO_2 含量大于 12%，冶炼后产生的高钛炉渣 TiO_2 含量大于 24%，是个潜在的资源，需要进一步研究利用。生产的钛精矿 TiO_2 含量大于 47%，比较稳定，作为钛白原料，其酸溶率高，有害杂质元素含量低，产量稳定，深受用户喜爱。

1.3   钒钛磁铁矿高炉冶炼概况

1.3.1   攀枝花钒钛磁铁矿高炉冶炼的发展历程

钒钛磁铁矿冶炼的利用问题，远在 19 世纪上半叶，瑞典、挪威、美国、英国都进行过试验，均未取得结果。日本铁矿储量少，但钛磁铁矿砂较为丰富，他们进行了大量的试验研究，高炉渣中 TiO_2 只维持在 5% 左右。前苏联具有丰富的钛磁铁矿资源，20 世纪 30 年代开始，他们在不同容积的高炉上研究冶炼钛磁铁矿的工艺，结论是：炉渣中 TiO_2 限制在 16% 以下，而在实际生产中，采用配 10%~15% 的普通矿冶炼含钒生铁，渣中 TiO_2 为 9%~10%。

日本和前苏联均控制高炉渣中 TiO_2 含量，与 TiO_2 在高炉内的行为密切相关，这是由于 TiO_2 的特殊性决定的，TiO_2 含量越高冶炼难度越大。世界各国的研究及生产实践表明，钒钛磁铁矿是难以冶炼的铁矿石。

中国四川攀枝花-西昌地区拥有丰富的钒钛磁铁矿资源，原矿中 TiO_2 的平均品位在 10% 左右，由于攀枝花钒钛磁铁矿的矿物结构特点，使选矿过程难以实现铁、钒、钛分选，应用高炉冶炼攀枝花钒钛磁铁矿，炉渣中 TiO_2 含量可达 35%，冶炼难度极大。与普通烧结矿相比，攀枝花钒钛磁铁矿的烧结矿含有较高的 TiO_2 和 Al_2O_3，而 TFe 和 SiO_2 的含量低，并且在烧结过程中生成不具有黏结能力的钙钛矿（$CaO \cdot TiO_2$），因而钒钛烧结矿的强度较低，由此进一步增加了高炉冶炼的难度。炼铁技术发展到今天，除我国攀钢集团公司以外，还未见其他大型高炉冶炼钒钛磁铁矿炉渣中 TiO_2 含量超过 20% 的报道。

为开发利用攀枝花钒钛磁铁矿，探索和掌握高钛型钒钛磁铁矿冶炼的规律，我国于 20 世纪 50 年代开始了大规模的钒钛矿高炉冶炼试验研究。1965 年，为攻克高炉冶炼攀枝花钒钛磁铁矿的工艺难关，原冶金部从当时的部属各研究院、设计院、生产企业及相关院校选拔了 100 多名技术人员及操作工人（即后称的 108 将），集中了冶金系统的优秀力量，在承德进行了近半年的技术攻关，经过艰苦努力，终于攻克了高炉冶炼攀枝花钒钛磁铁矿这一世界性的技术难关，在渣中 TiO_2 含量高达 35% 的条件下，冶炼出了合格生铁，且操作顺畅。

1970 年攀钢高炉投产，从投产到 1978 年一直采用全钒钛烧结矿冶炼，炉渣中 TiO_2 含量高达 27% ~ 30%。由于炉渣中 TiO_2 的含量高，还原生成的 $Ti(C，N)$ 较多而使泡沫渣和黏渣现象经常出现，虽经调整高钛型炉渣的冶金性质，维持了正常冶炼行程，但仍然存在铁损高、炉渣脱硫能力低、炉渣变稠、铁水黏罐等问题，高炉指标较差，生产水平较低，最好的 1977 年高炉利用系数仅为 $0.931t/(m^3 \cdot d)$，焦比 750kg/t。

为改善高炉的技术经济指标，攀钢高炉从 1978 年开始配加普通块矿冶炼钒钛磁铁矿，将炉渣中的 TiO_2 含量控制在 25% 以下。随后的 30 多年，一刻也没有停止科技攻关，高炉利用系数从 1.0 以下提高到 2.5 以上，形成了独特的大高炉冶炼高钛型钒钛磁铁矿的成套技术，实现了普通高炉冶炼钒钛磁铁矿。

1.3.2 攀枝花钒钛磁铁矿高炉冶炼的特点

1.3.2.1 高钛型钒钛磁铁矿在高炉内的还原行为

在攀枝花钒钛磁铁矿的开发利用试验中，为了弄清钒钛矿在冶炼过程中的变化，曾经进行了大量的实验工作，获得了大量的数据，丰富了我们对钒钛矿冶炼的认识。

为探索 TiO_2 在高炉内部究竟是怎样变化的，曾经把不同容积的高炉炉体各个部位钻孔，从炉内取出样品来进行检验。

炉身上、中、下三个部位的样品中没有发现初成渣，装进去的烧结矿还是原来的形状。这个现象与普通矿冶炼的高炉不同。普通高炉的炉身上部就有初成渣，曾经从煤气取样中多次看到渣子。初成渣的位置高对高炉的冶炼不利，它增加了炉料的阻力，使风压升高，炉子不顺，并且容易促使炉身结瘤。

炉腰样品出现烧结矿的热变形和局部软化，也没有发现初成渣。

炉腹部位发现初成渣大量生成，铁已大量还原，钛和硅才开始还原。通过实验室试验了解到钛和硅性质相近，在高炉温度范围内，CO 和 H 只能少部分地还原 TiO_2 至 Ti_2O_3 和 TiO，不能再继续还原，不能产生钛及 TiC、TiN，当液体渣生成后，在足够的温度下才被碳直接还原。这一特性很重要，如果它在炉身、炉腰即开始还原，则将使高炉冶炼更为困难。

风口取出的样品显示造渣过程已经基本完成，铁的还原也已基本完成。铁水中钛和硅含量远远高于终铁（从铁口出来的）的硅、钛含量。

渣口铁口区，终渣的 TiO_2、Ti_2O_3、TiO 以及 TiC、TiN 含量和铁水的含硅、钛量都低于风口区。对普通高炉生铁含硅的研究证明：风口到铁口，铁水含硅不是增加到终铁成分而是降低到终铁成分，钛的变化也是一样。对于这种变化的解释是：它是由于熔渣和铁水在风口前再氧化的结果。

从以上取样试验中可以看出；二氧化钛从炉腹开始被还原成低价氧化物和 TiC、TiN，到风口区达到最大的含量，从风口到铁口又降低到终渣的含量。实验室研究表明：高钛型高炉渣中的 TiO_2 没有被还原时，其熔化温度降低，流动性良好，随着低价氧化物的生成和增多，其熔化温度也随着增高。而 TiC、TiN 则在高炉温度条件下并不熔化，以固态微粒悬浮在渣中，使渣子变得黏稠。TiC、TiN 越多，黏稠越甚，以至于失去流动性。

不同时期的高炉取样表明：铁水中含硅量越高，渣中含低价钛化合物和 TiC、TiN 也越多。根据这种对钒钛矿冶炼的认识，从理论上明白了钒钛矿冶炼的困难不是发生在高炉的上部而是发生在高炉的下部；不是由于铁水的易凝，而是渣子的变稠和难熔；不是像普通矿那样由于炉缸温度低而不能出渣出铁，而是由于炉缸温度高，TiO_2 还原多而不能出渣出铁（当然炉缸温度过低，高钛型高炉渣也会凝结在炉内）。

针对上述情况，试验和生产中采取了特殊的方法：一是抑制 TiO_2 的还原，这是根本措施；二是促使钛的低价氧化物和 TiC、TiN 再氧化成 TiO_2。因为高炉冶炼必须具有一定的炉缸温度水平，才能保证渣铁畅流，所以 TiO_2 的少量还原是不可避免的，为了保证高炉的完全顺行，使钛的低价氧化物和 TiC、TiN 再氧化是必要的措施。

为了减少炉渣中的低价钛化合物和 TiC、TiN，采用了必不可少的特殊措施。这是因为在生铁含硅正常时也有少量的 TiO_2 被还原，生成的含低价钛化合物的熔渣会逐渐黏在炉缸壁上，固体的 TiC、TiN 比铁水轻，漂浮在铁水面上形成渣铁界面的黏稠层，出铁时流不出来就堆积在炉缸内。短时间内高炉还可以冶炼，时间长了堆积和黏结增多，就使冶炼无法正常进行。

1.3.2.2　高钛型高炉渣的特性

钒钛磁铁矿高炉冶炼的特点是由高钛型高炉渣的特性所决定的。

首先，高钛型高炉渣是一种熔化性温度高的短渣。来自生产现场的高钛型高炉渣及普通矿高炉渣的物理化学性能测试结果见表 1-4 及表 1-5。高钛型高炉渣的熔化性温度，在可能的碱度范围内一般为 1380 ~ 1450℃，即较普通炉渣高出 100℃ 左右。高温时渣的黏度很低，但由流动性良好至完全失去流动性的温度区间极窄，只有 20 ~ 30℃。

高钛型高炉渣的高熔化性温度这一特点本身并不影响高炉的正常冶炼，因为炉渣可以过热到一定的水平。炉渣的结晶性能强这一特点为炉前操作带来一些麻烦，因为它易凝于沟中从而增加了清沟的工作量。对高炉冶炼起决定性因素的是高钛型高炉渣的另一特性，即其变稠。

高钛型高炉渣在高温还原条件下，随着时间的延长其黏度逐渐增大以至于最终失去流动性，此即所谓的变稠现象。其后果是出渣出铁困难、渣铁不分、炉缸堆积，破坏了高炉的正常冶炼。根据研究结果，液态炉渣的 TiO_2 在高温下被还原为一系列钛的低价氧化物

表 1-4　高钛型高炉渣的熔化性温度与黏度测试结果

$\dfrac{CaO}{SiO_2}$	熔化性		各种温度条件下的黏度/Pa·s（P）		
	温度/℃	黏度/Pa·s（P）	1400℃	1450℃	1500℃
1.02	1380	1.35（13.5）	6.0（0.6）	5.7（0.57）	0.31（3.1）
1.15	1395	1.05（10.5）	7.0（0.70）	3.0（0.30）	0.15（1.5）
1.15	1387	1.10（11.0）	5.8（0.58）	4.0（0.40）	0.20（2.0）
1.24	1400	1.25（12.5）	12.5（1.25）	4.0（0.40）	0
1.26	1402	1.70（17.0）	20.0（2.00）	6.0（0.60）	0
1.31	1430	1.80（18.0）	9.3（0.93）	6.7（0.67）	0
1.36	1444	1.70（17.0）	—	12.0（1.20）	0

表 1-5　国内某厂普通矿高炉渣的熔化性温度与黏度测试结果

$\dfrac{CaO}{SiO_2}$	熔化性		各种温度下的渣黏度/Pa·s（P）						
	温度/℃	黏度/Pa·s（P）	1380℃	1390℃	1400℃	1410℃	1420℃	1430℃	1440℃
0.96	1313	2.00（20.0）	1.05（10.5）	1.00（10.0）	0.90（9.0）	0.82（8.2）	0.78（7.8）	0.70（7.0）	0.62（6.2）
1.10	1307	1.96（19.6）	9.0（0.90）	0.85（8.5）	0.80（8.0）	0.72（7.2）	0.68（6.8）	0.60（6.0）	0.55（5.5）

并最终生成 TiC、TiN 及其固溶体。TiC 和 TiN 的熔点分别为 3140℃ 及 2950℃，即远高于高炉所能达到的炉缸温度，这些化合物一般以几微米的颗粒弥散于渣中。这些高度分散具有极大比表面积的细小颗粒，明显地提高了炉渣的黏度。其次，由于它们的存在影响了渣中铁珠的聚合，悬浮在渣中的细小铁珠同样地提高了炉渣的黏度。

影响钛氧化物还原的主要因素是温度与炉渣中的 TiO₂ 含量。根据实验研究结果，对含 TiO₂ 35% 的炉渣，温度对钛氧化物还原的影响见图 1-14。从图 1-14 可以看出：当温度由 1440℃ 升高到 1590℃ 左右时，渣中 TiO₂ 被还原成低价钛的总量增加一倍。在承德 30% TiO₂ 炉渣试验阶段，将高炉终渣的 Ti₂O₃、TiC 和 TiN 量均折算成钛，以（Ti）表示，则（Ti）与生铁中硅含量间有如下的关系：

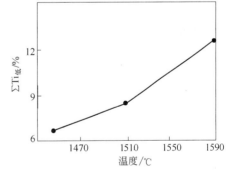

图 1-14　温度对 TiO_2 还原的影响

（TiO_2 含量为 35%）

$$(Ti) = 0.84 + 9.69[Si] \tag{1-3}$$

可知，[Si] 升高 0.1%，则（Ti）将增加 1.811%。也就是说，幅度不大的升高炉温就可招来炉渣的变稠。因此，应用普通高炉冶炼高钛型钒钛磁铁矿时必须将炉温控制在一个窄小的范围内。

炉渣的 TiO₂ 含量也是一个重要的影响因素，如图 1-15 所示的实验室数据，当渣的 TiO₂ 含量增至 30%～35% 时，渣的黏度就急剧上升。在生产中如果炉渣 TiO₂ 含量低于 15%，一般地可无需采取特别措施而冶炼正常。

1.3.2.3　高炉内钛氧化物的还原过程

在攀枝花钒钛磁铁矿的高炉冶炼试验中，通过对 0.8m³ 高炉的解剖试验以及自 28m³、

100m³、516m³ 高炉的上下不同部位取样，对高炉内钛氧化物的还原等冶炼过程进行了系统的研究，尽管高炉容积不同，钛的还原过程基本上具有相同的规律。

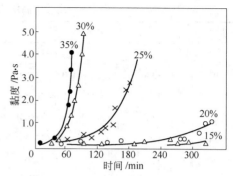

图 1-15　渣中 TiO_2 含量不同时还原
时间与黏度的关系

在炉腰部分烧结矿尚未软化或生成黏稠物，只在一些试样中见有少量的 Ti_2O_3 及极少量的 $Ti(C,N)$。一般只是在炉腹才开始出现初成渣，并开始了较多钛氧化物的还原。也就是说，TiO_2 的较大量还原是在成渣之后。

为考察钛的还原过程，以下式计算钛还原度 R_{Ti}:

$$R_{Ti} = \frac{\sum Ti_{低} + \sum Ti_{(TiC+TiN)} + M[Ti]}{Ti_{总}} \times 100\% \qquad (1-4)$$

式中　　$Ti_{总}$——单位渣量炉料所带入的总钛量；

$\sum Ti_{低}$——单位渣量中低价钛的含钛量，$\sum Ti_{低} = \frac{1}{2}Ti_{TiO_2} + \frac{1}{4}Ti_{Ti_2O_3}$;

$\sum Ti_{(TiC+TiN)}$——单位渣量中（TiC + TiN）的含钛量；

M——单位渣量的出铁量；

$[Ti]$——生铁含钛量。

R_{Ti} 实质上表示 TiO_2 在还原过程中的失氧量。

表 1-6 为试验高炉自炉腹中部至铁口的取样结果。炉腹部分钛的还原度还较低，自炉腹至风口区间钛大量地被还原，钛还原度自炉腹的 3.30% 猛增至风口还原区的 20.47%。

表 1-6　高炉不同部位钛还原度的变化　　　　　　　　　　　（%）

取样部位	取样日期/（日/月）						
	5/4	13/4	15/4	18/4	19/4	21/4	平均值
炉腹	2.55	2.63	3.68	2.21	2.76	2.98	3.30
风口平面，还原区	20.00	20.56	18.65	27.52	17.40	21.92	20.47
铁口终渣	13.26	6.21	16.88	15.40	14.40	10.49	12.16

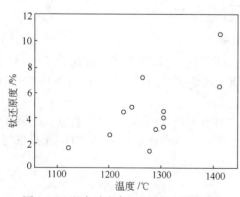

图 1-16　温度对渣中 TiO_2 还原度的影响

炉腹中部以下具备钛氧化物还原的良好条件，即强还原性气氛、高温的焦炭、高温而呈液态的渣铁。在这里液态渣与焦炭间的接触面大，从而促进了还原反应的进行。炉腹温度与钛还原度的关系见图 1-16。温度的影响是十分明显的，与实验室结果相同。因此，钒钛磁铁矿高炉冶炼中炉温一旦升高，立即使炉渣流动性变坏。

在风口以下区域除了炉渣与焦炭间的反应外，还有铁与渣间的反应（在铁珠穿过渣层时渣铁间发生反应）。在炉缸区渣铁层界面上发生的反应可由以下的事实来说明：其一是在出铁中刚见下渣时偶尔有股黏渣；其二是实验室结果，在渣铁接触时愈靠近渣铁界面处的炉渣愈稠。铁中的碳在该区域是活跃的还原剂。

根据试验高炉不同部位的取样，自炉腹至铁口炉渣内 TiC、TiN 含量见表 1-7，即在风口平面还原区达到最高值后，在终渣中有所下降。

表 1-7　高炉不同部位 TiC、TiN 含量　　　　　　　（%）

项　目	炉腹中部	风口平面还原区	终　渣
TiC	1.03	1.23	0.73
TiN	0.56	0.80	0.59

1.3.2.4　高炉冶炼高钛型钒钛磁铁矿的特殊问题

在攀枝花钒钛磁铁矿高炉冶炼中出现了一些特殊问题，即泡沫渣、炉渣变稠、渣中大量带铁、炉渣脱硫能力低与铁罐黏罐等，这些也都是由于高钛型高炉渣的特性所引起的。

A　泡沫渣

高炉冶炼钒钛磁铁矿时的高钛型炉渣极容易产生泡沫。反映在炉内，是高炉内压差升高，软融带和滴落带的阻损增大；普通矿冶炼时，渣焦是非润湿的，CO 易于在渣-焦界面上形核长大上逸；钒钛铁矿冶炼时渣-焦界面因形成 TiC + TiN 是润湿的，CO 逸出一部分，尚余部分潜存渣中，影响气泡聚合逸出使炉内气流阻力损失增加。表现在炉外，是炉渣在渣罐内产生大量气体，使炉渣成泡沫状态剧烈上涨，甚至溢出罐外，当气泡排出后渣面又下落，渣罐容积不能充分利用。为消除高钛型炉渣"泡沫渣"现象对生产的不利影响，曾进行了大量研究。对从渣罐逸出来的气体成分分析结果表明，气体中主要成分为 CO，占 60% ~ 80%，与炉缸气体成分不同，表明这些气体不是由炉渣所带出，而是在罐内新生成的。研究结果表明泡沫渣的产生起因于铁中碳化钛及碳与渣中的二氧化钛及氧化亚铁之间的反应。出渣时因 TiC + TiN 氧化，加之炉渣进入渣罐后温度逐渐下降，使所带的铁珠中碳趋向饱和，而这种碳是很活跃的还原剂，促进了 C 与 FeO 反应，而渣液表层温度降低、黏度上升，使 CO 气泡不能充分逸出，造成渣面上涨。因此，为消除泡沫渣必须降低渣中带铁及碳化物含量。

B　炉渣变稠

在高温还原条件下，含钛炉渣随着时间的延长，其黏度逐渐增大，最终失去流动性，这种现象称为炉渣变稠。表现在高炉内是出渣出铁困难，渣铁不分，炉缸堆积，从而破坏了高炉的正常冶炼。根据多年的研究，含钛炉渣变稠的原因是由于钛的过还原。液态炉渣中 TiO_2 在高温下被碳还原成钛的低价氧化物，最终生成碳化钛（TiC）、氮化钛（TiN）和其固溶体 [Ti (C, N)]。TiC 及 TiN 的熔点分别为 3140℃ 及 2950℃，这些高度分散比表面积极大的细小颗粒，呈固相弥散于渣中，显著地提高了炉渣的黏度。TiC 及 TiN 的存在也影响着渣中铁珠的聚合，悬浮于渣中细小的铁珠，进一步增加炉渣的黏度。

温度与炉渣中 TiO_2 浓度是影响炉渣变稠的两个主要因素。温度愈高，渣中 TiO_2 浓度愈大，被还原生成低价钛的速度与量增加，炉渣愈易变稠。随着渣中 TiO_2 含量降低，炉渣变稠的趋势逐渐变弱。这就要求高炉冶炼时，必须将温度严格控制在一个范围。渣中 TiO_2 含量愈高，控温范围愈窄；渣中 TiO_2 愈低，控温范围愈宽，并接近普通矿的操作制度。必须指出，只要炉渣中含有 TiO_2，在高炉内 TiO_2 就有可能被还原最终生成 TiC 及 TiN，高炉操作的任务就是要控制住钛的过还原。

钛的过还原导致炉渣变稠，其解决方法有两个，一是防稠，二是消稠。防稠是采取措施限制 TiO_2 的还原，减少 TiC 和 TiN 的生成，即低硅钛操作。所谓低硅是指同普通矿冶炼制钢铁含硅量相比较，铁液中硅要低些。硅低不意味低炉温，因为生铁中除硅外，尚有钛、钒等元素还原，总还原物质并不低，渣中温度很充沛，亦可称化学冷、物理热。使用钒钛矿冶炼的高炉，一定要用硅、钒来衡量炉温，同时亦要用硅钛总值 ［Si＋Ti］ 来衡量炉况。

二是消稠。低硅钛可以但不能绝对阻止钛的还原，特别是高炉操作上的不均匀性，仍然会产生局部过还原。这就需要消稠措施，即向炉内喷吹氧化性物质，使 TiC 这类化合物被氧化成钛的低价氧化物及较高价氧化物，提高渣中氧势达到消稠的目的。

因此，高炉冶炼的关键是控制炉温。通过控制铁相中的 ［Si］ 及 ［Ti］ 量来实现炉温的控制。控制了钛量，相应地控制了低价的氧化物和 Ti（C，N）的生成量，达到防稠的目的。

从理论上看，TiO_2 与 SiO_2 热力学性质很相似，在高温和碳存在下同时被还原，发生硅-钛耦合反应，平衡式如下：

$$(TiO_2) + [Si] \longrightarrow [Ti] + (SiO_2) \tag{1-5}$$

从式（1-5）看出，在温度和渣中 TiO_2 一定时，生铁中硅和钛要达到耦合平衡。控制铁液中的硅，就有效地控制了铁液中的钛。实践中要根据原料、装备和渣中 TiO_2 具体条件，确定适宜的硅钛值。

C　渣中大量带铁

高钛型炉渣中所带的铁量为一般炉渣的几倍。普通矿冶炼时，铁珠相遇立即聚合以减少其表面能。钒钛磁铁矿冶炼时，出现一种特殊的现象，炉缸中的铁珠表面大都为一层 TiC 及 TiN 所包裹，形成一个"壳"，这种"壳"妨碍了铁珠的聚合，另一方面，它增加了铁珠与炉渣间的摩擦力，减小了铁珠的密度并降低其沉降速度。这些 TiC、TiN 的来源在前面已讨论过。根据岩相观察：在炉腹部分绝大多数铁珠未被包裹，至风口平面被包裹的约占一半，至炉缸下部则占大部分，说明了铁珠在下降的过程中被 TiC、TiN 所润湿附着。由此可知，凡是有利于高钛型高炉渣正常冶炼的措施都有利于减少渣中带铁量与铁损，攀钢高炉的生产实践也证实了此点。

D　铁罐黏罐

高炉冶炼钒钛磁铁矿时，如炉渣属高钛型，则极易发生铁罐黏罐现象。根据取样分析，铁罐黏罐物有两个主要的来源，出铁时炉渣进入罐内，这部分约占黏罐物的三分之二，另外的大约三分之一则是一种"新生渣"。对黏罐物的熔化性温度做了测定，其值均在 1320℃ 以上，而 1400℃ 时的黏度竟高达 10.6Pa·s。普通矿冶炼一般铁水温度高于渣的熔化性温度，因此可以将凝在罐中的渣冲刷掉。钒钛矿冶炼的特点是铁水温度远低于渣的熔化性温度，当然不可能起到这种作用。这样，炉渣一旦进入铁罐，只有越积越多并影响铁水倒净，铁水也因而凝在罐内。曾试验综合地加小苏打、冷扣罐及吹氧熔化罐等办法，罐寿命得到提高。而最根本的措施应是尽量防止炉渣进入铁罐。

E · 炉渣脱硫能力低

含钛炉渣因含 TiO_2，相应降低了 CaO 含量，致使含钛炉渣的脱硫能力较普通炉渣低。渣中 TiO_2 含量愈高，硫在渣铁间分配比值 L_S 愈低。普通矿冶炼时的 L_S 在 30 ~ 40 之间；中钛渣冶炼（高炉渣中 TiO_2 含量为 13% ~ 16%）的生产数据，CaO/SiO_2 为 1.2 时，L_S 可达到 19 ~ 20；高钛型高炉渣冶炼（高炉渣中 TiO_2 含量为 22% ~ 24%），CaO/SiO_2 为 1.05 ~ 1.10 时，L_S 只有 6 ~ 8。实验室模拟攀钢生产条件，在接近平衡时 L_S 也只在 8 ~ 11 之间。因此，在使用钒钛磁铁矿时，要采取一切可能措施，降低硫负荷，适当提高碱度，改善炉渣性能，保证生铁质量。

1.3.3 钒钛磁铁矿高炉冶炼的操作制度

1.3.3.1 低钛型炉渣

我国马鞍山钢铁公司的高炉长期使用该地区的低钛型钒钛磁铁矿冶炼含钒生铁，入炉矿中带入 TiO_2 约 25kg/t，渣中 TiO_2 3% ~ 4%。重庆钢铁公司、水城钢铁公司长期采用钒铁磁铁精矿取代低品位天然矿，采用(TiO_2) < 5% 的低 TiO_2 渣冶炼，取得了良好效果。近年来攀成钢、云南部分炼铁厂也使用部分钒钛磁铁矿，一般控制(TiO_2) < 10%。长期的生产实践表明，应用低钛型高炉冶炼不仅能部分解决一些厂的矿源问题，而且高炉能维持顺行和取得良好的技术经济指标，还能起到护炉从而延长高炉寿命的作用。

近年为了延长高炉寿命，众多高炉采用了钒钛矿护炉措施。在普通矿冶炼的高炉炉料中加入含 TiO_2 的炉料，使渣中 TiO_2 含量达到 1.5% ~ 3%，可获得满意的结果。

A 造渣制度

根据不同的原料、燃料条件和冶炼目的，选择合适的造渣制度是顺利进行低钛型炉渣冶炼的关键。

重庆大学鄢毓章根据重庆钢铁公司使用部分钒铁磁铁矿的条件，提出了 CaO-SiO_2-TiO_2-Al_2O_3-MgO 五元系等黏度图（图 1-17），表明在 TiO_2 含量低于 10% 的条件下，TiO_2 有稀释炉渣、降低渣黏度的作用。在 CaO/SiO_2 为 1.0 ~ 1.4 范围内，随着碱度的升高，其黏度降低。

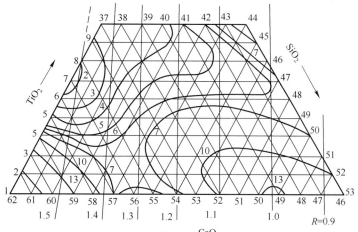

图 1-17 CaO-SiO_2-TiO_2-Al_2O_3-MgO 五元系等黏度图

（1400℃，10% Al_2O_3，4% MgO）

　　低钛渣（TiO_2 < 5%）在石墨坩埚内长时间恒温，它不会像高钛型高炉渣那样变稠，相反，黏度还略有下降，但是炉渣中会出现 TiC、TiN，而且多集聚在坩埚的边缘。冶炼低 TiO_2 渣的高炉，大修时发现在炉缸、炉底都有含 TiC、TiN 很高的铁、渣和焦炭的黏结物。这些黏结物的特点是熔点高、黏度大，TiC、TiN 局部可达 60% ~ 70%，渣、铁、焦之间都有 TiC、TiN，成分波动很大，这说明一旦形成黏结物，各组分之间很难扩散。这种黏结物结构致密、坚实，密度 3.3 ~ 4.4g/cm³，熔点 1500℃ 以上，正是这种黏结物起到了护炉作用。

　　根据温度-黏度曲线测得的 TiO_2 1% ~ 10%，SiO_2 37% ~ 53%，CaO 46% ~ 62% 的五元系等熔化性温度（图 1-18）表明，在常见的高炉渣成分中，随着 TiO_2 量的增加、SiO_2 量的减少，熔化性温度是降低的。而当碱度 CaO/SiO_2 超过 1.33、CaO 含量大于 56%、TiO_2 含量小于 5% 时有一个稳定性差的难熔区，炉渣成分选择应尽量避开这个区域，但是，在常用的碱度为 1.1 ~ 1.3 范围内增加 TiO_2 量，能使熔化性温度稍有降低。

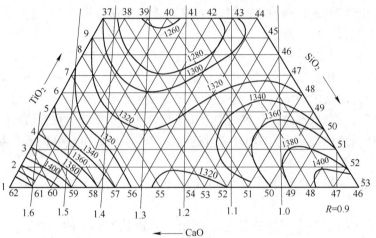

图 1-18　CaO-SiO_2-TiO_2 系等熔化性温度图（℃）

（10% Al_2O_3，4% MgO，45° 切点值）

　　高钛型高炉渣中增加 TiO_2 含量将降低脱硫能力，TiO_2 含量越高脱硫能力越低。但是低 TiO_2 渣却不然，在一定含量范围(1.8% ~ 3%) 内，由于改善了炉渣流动性和稳定性，炉渣的脱硫能力还有所提高。

　　与普通矿冶炼相似，在低 TiO_2 渣冶炼时，增加一定量的 MgO 有利于提高渣的脱硫能力和排碱能力。图 1-19 是 Al_2O_3 10% 时不同碱度和 TiO_2 时的 MgO 与 L_S 的关系。表明随着 MgO 增加，L_S 曲线出现一最大值，该值与渣中碱度和 TiO_2 量有关。当碱度为 1.3 ~ 1.4 时，TiO_2 为 6% 对应的 MgO 为 3%，当 TiO_2 降到 3% 时，MgO 适宜量可增到 8% ~ 10%。

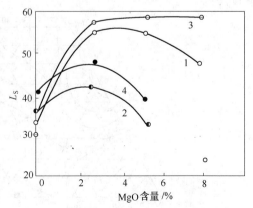

图 1-19　低钛渣中 MgO 对 L_S 的影响

1—R = 1.3，TiO_2 3%；2—R = 1.3，TiO_2 6%；

3—R = 1.4，TiO_2 3%；4—R = 1.4，TiO_2 6%

综上所述，在低 TiO_2 渣高炉冶炼时可以按普通矿的常规选择造渣制度，而不需考虑因增加 TiO_2 所带来的炉渣性能的变化；增加些 MgO 有利于改善渣的脱硫和排碱能力。

B 热制度

长时间使用钒钛磁铁矿冶炼的高炉，不希望产生炉缸结厚和堆积；与此相反，在使用钒钛矿护炉时，则希望在炉缸、炉底产生钛化物并黏结在炉墙上。为此，关键是掌握好炉温。

低 TiO_2 渣高炉冶炼时，炉温的衡量是以 [Si] 为主，参考 [Ti]，因为 [Si]、[Ti] 的水平不仅标志着炉温，而且标志着 TiO_2 的还原程度，即 TiC、TiN 产生的数量，因此必须控制好 [Si] 和 [Ti]。

低 TiO_2 冶炼时，炉温较高（即 [Si]、[Ti] 过高）易造成炉缸、炉底黏结，炉缸容积缩小而影响冶炼进程。例如，某钢铁公司在渣中含 TiO_2 2% ~4% 的情况下，生铁含 Ti 较高时（达 0.179%），则高炉憋风，风量减少，风渣口损坏增多，炉况不顺；而多数用钒铁矿护炉的高炉，护炉时 [Ti] 多保持在 0.15% 左右，正常操作时 [Ti] 应低于 0.15%。

[Ti] 与 [Si] 是密切相关的。生产实践表明，不同高炉在 [Si] 相同时 [Ti] 可能有高有低，原因可能是炉缸温度不同，炉缸偏热的高炉，如果控制 [Ti] 相同，则 [Si] 应低一些；此外，随着渣中 TiO_2 的增加，在 [Si] 不变的情况下，铁中 [Ti] 含量升高。因此，为抑制 TiO_2 的还原，使生铁中 [Ti] 在一定范围内，在 TiO_2 升高的情况下，必须降低 [Si]。

长期生产实践表明，在冶炼低 TiO_2 的炉渣时，[Si] 与 [Ti] 都能间接地反映炉温，但 [Si] > [Ti]，随着 TiO_2 的提高，Fe 中 [Si] 与 [Ti] 接近；当 TiO_2 提高到一定程度，[Si] ≈ [Ti]，TiO_2 再继续提高到 16% 左右，则会出现 [Si] < [Ti]。

1.3.3.2 中钛型炉渣

根据承德地区的铁矿资源情况，20 世纪 60 年代，承德钢铁公司曾进行中钛渣（TiO_2 含量约 16%）高炉冶炼试验，试验后便转为正常生产，至今中钛型渣钒钛磁铁矿的高炉冶炼已有 40 多年历史，主要技术经济指标接近普通矿冶炼的全国先进水平。

A 造渣制度

在选择造渣制度时，要满足两项基本要求：一是渣铁畅流；二是满足脱硫要求，有利钒的回收。

为保证渣铁畅流，首先应充分了解各组分（SiO_2、Al_2O_3、CaO、MgO 等）对中钛渣的黏度和熔化性温度的影响，在正常情况下，只要熔化性温度能符合要求，黏度总是能满足要求的。与冶炼普通矿的炉渣相似，中钛型高炉渣最易熔的炉渣碱度（CaO/SiO_2）是在 0.9 ~1.0 之间，这时熔化性温度小于 1325℃。这个碱度渣对渣铁畅流有利，但脱硫能力较差。

为满足脱硫要求，有利钒的回收，根据高炉的硫负荷情况应适当提高渣碱度。但当 CaO/SiO_2 提高时，渣的熔化性温度也将有所提高。CaO/SiO_2 提高到 1.33 时，熔化性温度为 1350℃，再继续提高碱度，熔化性温度将急剧升高，渣稳定性变差。

从理论上讲，碱性渣中的 CaO 含量较高，它能与 TiO_2 形成较多的钙钛矿（$CaO \cdot TiO_2$），降低渣中 TiO_2 的活度，抑制 Ti 的低价化合物形成，有利于脱硫和促进钒的还原。

此外，为进一步改善炉渣的流动性，应适当提高 MgO 含量。

　　B　热制度

　　生产实践表明，［Si］、［Ti］都随∑［Si +Ti］增加高而提高（见图1-20），但［Si］提高的斜率较大，说明在正常情况下［Si］更能概括地体现炉温，而且［Ti］总是稍高于［Si］，两者的关系是：

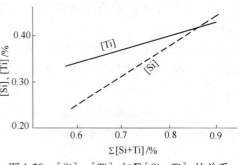

图 1-20　［Si］、［Ti］与 ∑［Si + Ti］的关系

$$[Ti] = 0.266 + 0.35[Si] \qquad (1\text{-}6)$$

　　在承钢的条件下对 100 ~ 300m³ 高炉［Si］、［Ti］的控制范围是：［Si］0.25% ~ 0.40%；［Ti］0.30% ~0.45%，［Si + Ti］0.55% ~0.85%，炉容大，选择数据的下限，炉容小，选择数据的上限。

　　在实际生产中[Si]/[Ti]也不是固定不变的，它常随炉渣的减度，炉料的结构和软熔带位置等因素而变化，反映高炉的某些工作状况。

　　承钢 300m³ 高炉的生产数据统计表明，当炉渣碱度提高和 MgO 含量增加时，［Si］/［Ti］下降，并有下列关系：

$$[Si]/[Ti] = 2.078 - 0.7698(CaO)/(SiO_2) - 0.0318(MgO) \qquad (1\text{-}7)$$

　　产生上述现象的原因是，碱性物质增加影响 SiO_2 及 TiO_2 的活度，虽然两者都是酸性氧化物，但 SiO_2 的酸性更强，因而随着 CaO 和 MgO 量的增加，它们与 SiO_2 的结合力比 TiO_2 更强些，SiO_2 的活度系数较 TiO_2 的降低更快些，结果导致 SiO_2 还原度降低。

　　炉料结构变化时也能在[Si]/[Ti]比值上有所反映。根据承钢的经验，配料中增加高 FeO、软化温度低的低碱度烧结矿时，会使[Si]/[Ti]升高，慢风作业时也会引起[Si]/[Ti]升高。其原因可能是上述因素造成了软熔带位置升高，对 Si 的还原有利，因为 SiO_2 的还原需经过 SiO(g)，还原程度与整个滴落带距离有关，而 TiO_2 还原大部分发生在炉腹平面至风口水平面的高温区，因而滴落带的距离长短对它影响较小。

1.3.3.3　高钛型炉渣

　　A　造渣制度

　　高 TiO_2 渣高炉冶炼，选择造渣制度的原则，除与中钛渣相同外，还要考虑消除泡沫渣和降低铁损。

　　攀钢生产初期，渣中 TiO_2 高达27% ~30%，渣量900kg/t，虽然渣铁畅流，但是泡沫渣严重，成为限制生产的因素。1978 年采用配加 10% 左右的天然普通矿，使泡沫渣得到抑制，提高了冶炼强度，改善了炉前操作，提高了生铁质量，降低了铁损。因此，高钛型高炉渣冶炼研讨重点是 TiO_2 含量为 20% ~25% 的高钛炉渣。

　　考虑渣铁畅流应选择熔化性温度最低、黏度也低的渣，根据有关实验数据，熔化性温度最低的是 CaO/SiO_2 为 0.9 ~1.0。

　　考虑脱硫和钒的还原，提高 CaO/SiO_2 有利，但是由于碱度高会提高渣的熔点，故也不能太高。对攀钢炉渣 CaO/SiO_2 为 1.07 ~1.13 较为合适。

　　为了减少渣中铁损，曾经做过提高渣中 MnO 和加 CaF_2 的试验，收到一定效果。

　　攀钢生产中有代表性的渣成分见表 1-8，表中还列有与之成分相近的合成渣成分和熔化性温度，可供选择造渣制度时参考。

表1-8　攀钢有代表性炉渣成分及供参考的熔化性温度

序号	CaO/%	MgO/%	SiO$_2$/%	Al$_2$O$_3$/%	TiO$_2$/%	CaO/SiO$_2$	熔化性温度/℃	注　释
1	25.80	9.11	24.19	14.0	24.0	1.07		生产渣
2	26.38	6.31	24.80	13.92	25.75	1.06	1360	渣中有 FeO + MnO ≈2%，合成渣
3	25.0	8.0	25.0	17.0	25.0	1.0	1360	合成渣

B　热制度

热制度主要控制 [Si]、[Ti] 和 [Ti] + [Si] 含量，高钛型高炉渣冶炼时，主要是控制 [Ti]。控制了 [Ti] 也相应地控制了钛的低价氧化物和 Ti (C，N) 的生成量，从而达到控制 TiO$_2$ 的过还原。攀钢高炉实践表明 [Ti] 与 [Ti(C,N)] 之间的关系如图1-21所示。

在承德试验 TiO$_2$ 35% 阶段得出温度与渣中低价钛氧化物含量的关系（见图1-22）表明，同样是恒温 3h，温度由 1475℃ 提高到 1510℃，渣中低价钛（Ti^{2+} + Ti^{3+}）（渣中 TiO、TiC、TiN 等含 Ti 总合）由 7.5% 升高到 11.5%，再提高温度到 1550℃，低价 Ti 增加到 19.5%，温度升高幅度相近，但在高温区比低温区低价 Ti 增加近 3 倍。

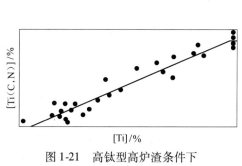

图1-21　高钛型高炉渣条件下
[Ti] 与 [Ti(C，N)] 的关系

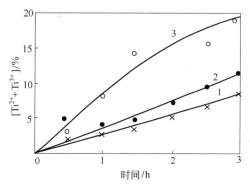

图1-22　渣中 TiO$_2$ 35% 条件下温度与
渣中低价（Ti^{2+} + Ti^{3+}）含量的关系
1—1475℃；2—1510℃；3—1550℃

（Ti^{2+} + Ti^{3+}）量与 [Si] 间的关系如下：

$$(Ti^{2+} + Ti^{3+}) = 0.84 + 9.69[Si] \tag{1-8}$$

即 [Si] 升高 0.1%，(Ti^{2+} + Ti^{3+}) 将增加 1.81%，也就是说，幅度不大的温升可导致低价 Ti 大量升高，引起炉渣变稠。

在高钛型炉渣的高炉冶炼中，一般以 [Ti] 作为炉温的标志，[Si] 作为参考，但 [Ti] 也只能相对地表示炉缸温度，铁水的物理温度才是真正的炉缸温度。高钛型炉渣冶炼应按渣中 TiO$_2$ 含量控制生铁中含 [Ti]，根据攀钢实践，当渣中 TiO$_2$ 为 23%～25% 和 20%～22% 时，生铁中 [Ti] 应分别控制在 0.10%～0.16% 和 0.12%～0.18%。

高钛型高炉渣钒钛磁铁矿的高炉冶炼，自 1970 年攀钢投产以来，经过近 40 年的不断探索，各项技术经济指标不断改进，目前已达到普通矿冶炼的先进水平。随着炉料结构的改变，操作制度也在不断改进和完善。应用普通高炉冶炼高 TiO$_2$ 含量的钒钛磁铁矿，仍具有较大的技术难度，在此方面，攀钢高炉的高钛型高炉渣冶炼生产技术居世界领先水平。

1.4 非高炉炼铁基本概念和基本方法

高炉法炼铁已有 600 多年历史，对世界经济和钢铁工业的发展以及人类的文明进步做出了不可估量的贡献，但近年来却受到了严峻挑战。其主要原因有：

（1）高炉炼铁必须使用焦炭，而世界及我国焦煤资源有限。据资料介绍，中国炼焦煤的储量只有 9 亿吨，按目前的开采量只能使用 30 年就将枯竭。20 年以后，中国高炉将要遇到难以克服的焦炭问题，这种形势使炼铁工艺技术必须研发不用焦炭的新流程。

（2）高炉法生产需用焦炭和块状原料，且随着高炉炉容的不断扩大，对原料的强度等指标要求越来越苛刻。同时在烧结、焦化厂生产过程中产生的废水、废气含有酚氰、SO_2、NO_x、CO 等有害物质，污染严重。

（3）高炉规模大则导致铁、烧、焦生产设备庞大、复杂，生产流程过长，增加了投资、降低了竞争力。

人类社会的可持续发展是 21 世纪的首要问题，对环境提出了越来越高的要求。近十余年来，钢铁市场竞争愈演愈烈，各国都在不断强化新工艺的研究，现代非高炉炼铁技术研发空前活跃，不断涌现的包含现代非高炉炼铁技术的各种新流程、新方法对炼铁技术的革命正悄悄地进行。

非高炉炼铁法是除高炉外不用焦炭炼铁的各种工艺方法的统称。根据产品为固态铁或液态铁水或半钢可分为直接还原法和熔融还原法两大类。

1.4.1 直接还原的基本概念和基本方法

1.4.1.1 基本概念

直接还原是指在低于矿石熔化温度下，通过固态还原把铁矿石炼制成铁的工艺过程。这种铁保留了失氧时形成的大量微气孔，在显微镜下观察形似海绵，所以也称为海绵铁；用球团矿制成的海绵铁也称为金属化球团。直接还原铁的特点是碳、硅含量低，成分类似钢，实际上也代替废钢用于炼钢。习惯上把铁矿石在高炉中先还原冶炼成含碳高的生铁。而后在炼钢炉内氧化，降低含碳量并精炼成钢，这项传统工艺，称为间接炼钢方法；而把炼制海绵铁的工艺称为直接还原法，或称直接炼铁（钢）法。

直接还原原理与早期的炼铁法基本相同。高炉法取代原始炼铁法后，生产效率大幅度提高，是钢铁冶金技术的重大进步。但随着钢铁工业大规模发展，适合高炉使用的冶金焦的供应日趋紧张。为了摆脱冶金焦的羁绊，18 世纪末提出了直接还原法的设想。20 世纪 60 年代，直接还原法得到发展，其原因是：

（1）20 世纪 50～70 年代，石油及天然气大量开发，为发展直接还原法提供了方便的能源。

（2）电炉炼钢迅速发展，海绵铁能代替供应紧缺的优质废钢，用作电炉原料，开辟了海绵铁的广阔市场。

（3）选矿技术提高，能提供高品位精矿，可以使脉石含量降得很低，简化了直接还原工艺。2009 年全世界直接还原炼铁生产量为 6000 万吨，约占世界生铁产量的 11%。最大的直接还原工厂规模达到年产百万吨生铁，在钢铁工业中已占有一定的位置。

海绵铁中能氧化发热的元素如硅、碳、锰的含量很少，不能用于转炉炼钢，但适用于电弧炉炼钢。这样就形成了一个直接还原炉—电炉的钢铁生产新流程。经过电炉内的简单熔化过程，从海绵铁中分离出少量脉石，就炼成了钢，免除了氧化、精炼及脱氧操作，使新流程具有作业程序少和能耗低的优点。其缺点是：

（1）成熟的直接还原法需用天然气作能源，而用煤炭作能源的直接还原法尚不完善，70 年代后期，石油供应不足，天然气短缺，都限制了直接还原法的发展。

（2）直接还原炉—电炉炼钢流程，生产 1t 钢的电耗不少于 600kW·h，不适于电力短缺地区使用。

（3）海绵铁的活性大、易氧化，长途运输和长期保存困难。目前，只有一些中小型钢铁厂采用此法。

1.4.1.2 基本方法

A 气基直接还原工艺

目前已经实现工业生产或仍在试验研究的直接还原方法约有 20 余种，主要分为两大类：使用气体还原剂的直接还原工艺（气基直接还原）、使用固体还原剂的直接还原工艺（煤基直接还原）。

气基直接还原工艺按工艺设备可分为三种类型：竖炉法、反应罐法和流态化法。作为还原剂的煤气先加热到一定温度（约 900℃），并同时作为热载体，供还原反应所需的热量。要求煤气中 H_2、CO 含量高，CO_2、H_2O 含量低；CH_4 在还原过程中分解离析的碳会影响操作，含量不得超过 3%。用天然气转化制造这样的煤气最方便；也可用石油（原油或重油）制造，但价格较高。用煤炭气化制造还原气已在工业上得到了实际应用。

B 煤基直接还原工艺

煤基的历史可能比气基更早，但气基发展很快，无论从技术水平还是生产规模方面都远远超过了煤基。从 1975 年至 2005 年这 30 年中，全世界直接还原铁（DRI）的年产量从 80 万吨增至 5600 万吨，即 70 倍。其中气基占 85%，而煤基只占 15%。但由于资源的因素及其相关的经济效益影响，气基的发展受到制约，业内把关注转向煤基，而且煤基直接还原不用焦煤，对环境又比较友好，因而在我国受到产业政策的支持。

世界上现有煤基直接还原工艺不少，如隧道窑、回转窑、转底炉、车底炉（台车连续炉）、平面双向直线移动床、直线水平振动床等。但形成生产规模的主要有两种：一种是回转窑，另一种为转底炉。目前，世界煤基直接还原铁采用的主流工艺是回转窑。

1.4.2 熔融还原的基本概念和基本方法

熔融还原是指含碳铁水在高温熔融状态下与含铁的熔渣即熔化的铁矿石发生还原反应。在高温下液相之间的还原反应速度要比气相之间的反应速度快得多。用非焦煤直接生产出热态铁水的工艺也称为熔融还原。

作为一种可以直接使用煤粉和铁矿粉，而且在以熔融还原（还原速度快）为主要特点的炼铁工艺，它是冶金学家长期追求的理想工艺。熔融还原的研究自 20 世纪 40 年代就已开始，而且方法很多，如 HISMELT、CIOS、DIOS、AISI、ROMELT 法等。

熔融还原技术共同的技术特点有：采用纯氧鼓风，铁浴煤气（向炉缸中吹入煤粉生成煤气），流化床传热升温和还原，高温高压，还原煤气的净化和有效利用等。理论研究的成果很多，实验室研究和小型工业试验也较多。但进行工业性试验的仅有 COREX、FINEX、HISMELT 等少数几种。

熔融还原应用于工业生产尚有许多问题需进一步研究解决和开发，主要有：

（1）各种耐高温同时又耐磨的材料和设备（包括喷枪、阀门等）；

（2）高温煤气的除尘、回收和再利用；

（3）流化床对原料的粒度的严格要求，以及在较小规模时投资较省和获得较好且稳定的技术经济指标等。

因此，融熔还原作为一项炼铁新技术真正进入工业性大规模生产，还要走较长的路。

在某一个地区，采用某项工艺生产 DRI 或铁水，只有当矿石、能源的成本最低，经营费用最少时，则该工艺在当地就最有前途。针对我国绝大多数地区缺油少气，非焦煤资源供应充足、相对廉价的条件，发展主要以煤为燃料和还原剂的高效冶炼工艺是最有前途的。例如 COREX 熔融还原炼铁设备及利用 COREX 输出煤气进行直接还原的竖炉或流态化炉工艺，就是可首选的工艺。此外，可以直接使用较廉价的粉矿、铁精矿粉和粉煤的冷固结含碳球团、氧化球团作原料的炼铁新工艺，如 FINEX、FASTMET 等工艺，如能大型化并实现经济生产，将是很有竞争力的新炼铁技术。

随着电炉短流程及小型紧凑型钢铁厂的迅速发展，作为高炉炼铁工艺的补充及就近向炼钢炉供应优质炉料的生产工艺，非高炉炼铁技术将取得迅速发展和进步。

本 章 小 结

本章介绍了国内外钒钛磁铁矿资源储量及其分布概况，重点阐述了重选、电选、磁选、浮选等钒钛磁铁矿选矿的几种典型工艺，介绍了高炉冶炼钒钛磁铁矿的发展历程、还原特点和操作制度，以及非高炉炼铁新工艺的基本概念和主要工艺方法。

复习思考题

1. 我国现在已探明的钒钛磁铁矿床主要有哪些？
2. 钒钛磁铁矿选矿工艺主要包括哪几种方法？
3. 简述摇床选矿的基本原理。
4. 攀矿公司选矿厂磁选尾矿中 TiO_2 是如何分布的？在处理该矿物时应注意什么问题？
5. 磁选的基本原理是什么？
6. 简述浮选过程中矿粒的分离过程。
7. 钒钛磁铁矿高炉冶炼的特点是什么？
8. 简述钒钛磁铁矿高炉冶炼过程炉渣变稠的原因及其对高炉冶炼的影响。
9. 钒钛磁铁矿高炉冶炼中可能出现哪些特殊问题？为什么？
10. 简述钒钛磁铁矿高炉冶炼过程中 TiO_2 的还原行为特点。
11. 高钛型高炉渣的物化性能特点是什么？
12. 简述直接还原的概念及其特点。
13. 简述直接还原工艺的分类。

参 考 文 献

[1] 张建廷, 陈碧. 攀西钒钛磁铁矿主要元素赋存状态及回收利用 [J]. 矿产保护与利用, 2008 (5): 38~41.

[2] 何真毅. 四川攀西地区重要共伴生矿产特征及综合利用研究 [J]. 地质学报, 2009, 29 (2): 144~148.

[3] 肖六均. 攀枝花钒钛磁铁矿资源及矿物磁性特征 [J]. 金属矿山, 2001, 295 (1): 28~30.

[4] JENA B C DRESLER W, REILLY I G. Extraction of Titanium, Vanadium and Iron from Titanomagnetite deposits at pipestone lake, Manitoba, Canada [J]. Minerals Engineering, 1995 (8): 159~168.

[5] 邓君, 薛逊, 刘功国. 攀钢钒钛磁铁矿资源综合利用现状与发展 [J]. 材料与冶金学报, 2007, 6 (2): 83~87.

[6] 马建明, 陈从喜. 我国铁矿资源开发利用的新类型—承德超贫钒钛磁铁矿 [N]. 中国金属通报, 2007 (20).

[7] 周渝生, 钱晖, 张友平, 等. 非高炉炼铁技术的发展方向和策略 [J]. 世界钢铁, 2009 (1): 1~9.

[8] 朱俊士. 中国钒钛磁铁矿选矿 [M]. 北京: 冶金工业出版社, 1995.

[9] 谢广元. 选矿学 [M]. 北京: 中国矿业大学出版社, 2001.

[10] 杜鹤桂. 高炉冶炼钒钛磁铁矿原理 [M]. 北京: 科学出版社, 1996.

[11] 马家源. 高炉冶炼钒钛磁铁矿理论与实践 [M]. 北京: 冶金工业出版社, 2000.

[12] 潘群. 冶炼钒钛磁铁矿对高炉铁损影响的分析 [J]. 四川冶金, 2005, 27 (6): 1, 18.

[13] 任贵义. 炼铁学 [M]. 北京: 冶金工业出版社, 2006.

[14] 毛建林, 林千谷. 攀钢3号高炉钒钛磁铁矿高效生产实践 [J]. 炼铁, 2009, 28 (1): 5~7.

[15] 李刚. 焦炭质量对钒钛磁铁矿冶炼的影响 [J]. 四川冶金, 2008, 30 (4): 7~10.

[16] 刁日升, 孙希文. 高炉冶炼钒钛磁铁矿渣中 TiO_2 25%~26% 工业试验 [J]. 攀钢技术, 1996, 19 (3): 12~16.

[17] 邢树国, 成彩凤. 承钢钒钛磁铁矿长寿高炉设计特点 [J]. 四川冶金, 2005, 27 (5): 30~31.

[18] 张振峰, 陈红建, 吕庆. 承钢高炉炉缸沉积物矿相的研究 [J]. 河北理工大学学报 (自然科学版), 2008, 30 (4): 11~15.

[19] 欧阳鹏, 陈昆生. 钒钛磁铁矿在玉钢高炉上的冶炼实践及分析 [J]. 昆钢科技, 2008 (3): 9~11, 21.

[20] 潘群. 冶炼钒钛磁铁矿对高炉铁损影响的分析 [J]. 四川冶金, 2005, 27 (6): 17, 18.

[21] 刁日升. 高炉冶炼钒钛磁铁矿配加普通矿的作用 [J]. 攀钢技术, 1996, 19 (5): 1~6, 12.

[22] 文光远. 重钢高炉冶炼钒钛磁铁矿的回顾 [J]. 钢铁钒钛, 1998, 19 (4): 52~57.

[23] 徐楚韶. 中小高炉冶炼钒钛磁铁矿 [J]. 四川冶金, 1993, (4): 1~5.

[24] 杨绍利, 陈厚生, 等. 钒钛材料 [M]. 北京: 冶金工业出版社, 2009.

2 钒钛磁铁矿精矿粉造球

本章学习要点:

1. 矿粉滚动成球工艺流程及基本原理;
2. 对辊压机成球方法、对辊压机构造和工作原理;
3. 矿粉压力成球(块)法工艺流程及基本原理;
4. 矿粉滚动成球法与压力成球(块)法的对比;
5. 生球干燥的机理、影响生球干燥速度的主要因素;
6. 生球干燥过程中强度、结构变化(裂纹和爆裂);
7. 球团密度和气孔度及其表征;
8. 球团抗压强度、落下强度及其表征;
9. 高温破裂性能、养生性能及其表征。

2.1 概 述

从 20 世纪 70 年代以来,世界直接还原铁(DRI)产量和产能增长迅速。2010 年产量已达 7037 万吨,其增长速度也已快于高炉铁产量的增长速度。直接还原铁已成为炼钢的重要原料,直接还原铁生产技术的发展已成为世界钢铁工业发展的热点之一。我国的钒钛磁铁矿资源和煤炭资源均十分丰富,但钒钛磁铁矿中的铁品位低、多种有益元素共存,冶金焦缺乏等因素限制了高炉法炼铁的发展。为合理利用钒钛磁铁矿,科技工作者一直努力不懈地尝试新的炼铁方法。伴随普通矿非高炉冶炼技术的发展,人们已着手开始应用钒钛磁铁矿进行非高炉冶炼试验。

目前,已有生产厂家使用钒钛磁铁矿进行矿煤加热还原。在应用细粒级钒钛磁铁矿粉与煤粉混合进行加热还原过程时,人们往往将钒钛磁铁矿粉与煤粉混合制成钒钛磁铁矿与煤粉复合球团。采用这种复合球团进行直接还原,主要具有如下一些优点:

(1) 对原料适应性强。钒钛磁铁矿与煤粉复合球团中使用的含碳材质可以是煤粉,也可以是焦炭粉,而煤粉可以是无烟煤,也可以是烟煤。

(2) 被还原氧化物与还原剂紧密接触,反应的动力学条件好,还原速度快(这种条件下的炼铁方法又称为快速还原法)。

(3) 钒钛磁铁矿与煤粉复合球团通过加热还原,使铁、钒氧化物还原,进一步通过电炉熔分,可实现铁、钒、钛的分离,从而可实现这些有益元素的有效分离。

(4) 通过还原条件的改变,可获得性能不同的还原产品,如强度高的金属化球团、粒状珠铁等。

钒钛磁铁矿与煤粉复合球团制备的主要过程为：将准备好的原料（包括细磨钒钛铁精矿粉、煤粉、水、添加剂、粘结剂等），按一定比例配料混匀，经造球机制成一定粒度的生球，然后进一步采用干燥、养生或其他方法使其发生一系列的物理化学变化，获得具有一定强度性能的生球团。

根据球团成形工作原理，球团法可分为滚动成球法和压块法。滚动成球法易于实现生产连续化，生产效率较高。压块法采用压力成球，可制备出低温强度高的生球团。这种生球团在高温条件下进行直接还原，可生产出高金属化率的金属化球团。

2.2 滚动成球工艺及原理

2.2.1 滚动成球工艺及常用设备介绍

滚动成球法制备球团矿的工艺过程是将混合料加入造球设备内，借助造球设备的运转，混合料在造球设备内作如同滚雪球的运动，一层一层越滚越大，最后形成具有一定粒度的压实的生球。一般包括以下几个工艺阶段：（1）原料准备；（2）造球；（3）干燥。

造球的目的是为了获得具有适宜的粒度和机械强度的生球，并能够完好地从造球设备输送到干燥、还原设备上。造球环节是球团生产中重要的工序，尤其在煤基直接还原生产中，球团矿质量的优劣直接关系到直接还原技术经济指标的好坏。

造球机是球团生产中的重要设备之一，常用的造球设备为圆盘造球机。圆盘造球机的规格繁多，其中结构比较合理并在生产上获得广泛应用的有伞齿轮传动圆盘造球机和内齿轮圈传动圆盘造球机两种。其中伞齿轮传动的圆盘造球机应用最广泛。

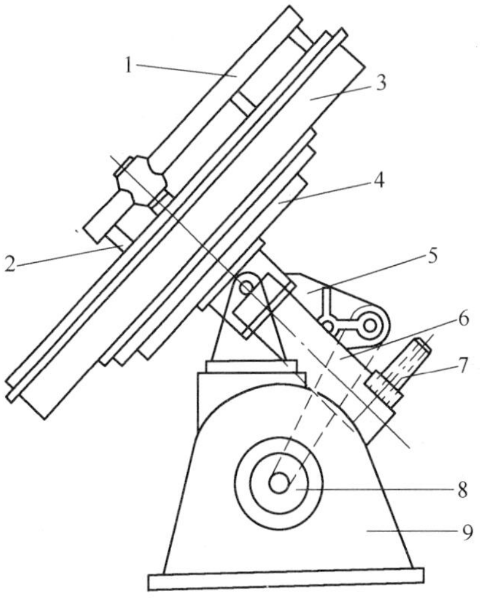

伞齿轮传动的圆盘造球机（图 2-1）主要由圆盘、刮刀、刮刀架、大伞齿轮、小圆锥齿轮、主轴、调角机构、减速机、电动机、三角皮带和底座等组成。

图 2-1 圆盘造球机结构示意图
1—刮刀架；2—刮刀；3—圆盘；4—伞齿轮；
5—减速机；6—中心轴；7—调倾角螺杆；
8—电动机；9—机座

圆盘由钢板制成，通过主轴与主轴轴承座和横轴而承重于底座。带滚动轴承的盘体（托盘）套在固定的主轴上。主轴高出盘体，方便固定可随圆盘变更倾角的刮刀臂。在刮刀臂上固定上一个刮边的刮刀和若干个刮底的刮刀，以清除黏结在盘边和盘底上的造球物料。主轴的尾端与调角机构的螺杆连接，通过调角螺杆可使主轴与圆盘在一定的范围内上、下摆动，以满足调节造球盘倾角的需要。

内齿轮圈传动的圆盘造球机主要结构是：盘体连同带滚动轴承的内齿圈固定在支承架上，电动机、减速机、刮刀架也安装在支承架上。支承架安装在圆盘造球机的机座上，并与调整倾角的螺杆相连，用人工调节螺杆。圆盘连同支承架一起改变角度。这种结构的圆盘造球机的传动部件由电动机、摩擦片接手、三角皮带轮、减速机、内齿圈和小齿轮等所组成。

圆盘造球机的电动机启动后，通过三角皮带将减速机带动，减速机的出轴端联有小圆锥齿轮，此齿轮与大伞齿轮啮合，而大伞齿轮与托盘直接相连，因此大伞齿轮转动时，造球机的圆盘便随之跟着旋转。这种结构形式的造球机转速的改变，可通过更换电动机出轴和减速机入轴上的皮带轮直径作一定范围内的调整。

圆盘造球机造球过程为：混合料给入造球盘内，受到因盘粗糙底面的提升力和物料的摩擦力作用，当圆盘转动时，细颗粒物料被提升到最高点，从这点小料球被副料板阻挡强迫地向下滚动，小料球下落时，黏附矿粉而长大。小球不断长大后，逐渐离开盘底，它被圆盘提升的高度不断降低，当粒度达到一定大小时，生球越过圆盘边而滚出圆盘。

圆盘造球机中物料运动轨迹如图 2-2 所示。在圆盘的成球过程中产生分级效应，排出合格粒度的生球，生球粒度均匀，不需要过筛，没有循环负荷。

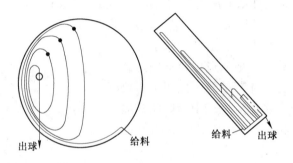

图 2-2　圆盘中物料的运动轨迹

圆盘倾角可根据造球物料性质和圆盘转速进行调节，以达到优质高产的目的。如倾角过小，低于物料安息角时，则物料形成一个不动的粉料层，与圆盘同步运动，无法进行造球；倾角过大时，物料对盘底的压力减小，物料的提升高度降低，盘面不能充分利用，圆盘造球机产量下降。为了提高圆盘造球机的产量，可以提高圆盘的转速，这样，物料（小球）在单位时间内滚动的路程加长，球粒长大加快。但是转速提高，离心力急剧增大，使小球紧紧压在盘边上，妨碍了球团向下滚动。

为使造球顺利进行，必须相应调节圆盘倾角。倾角加大而速度又高时，球团在向下滚动时对盘边的冲击加大，会损坏球团。因此，调节倾角不能超过极大值。极大值的大小取决于物料的性质、球团粒度以及圆盘直径。

2.2.2　圆盘造球机滚动成球基本原理

圆盘造球机造球的基本原理是滚动成形。其成球过程分为：母球形成、母球长大和生球密实三个阶段。

（1）母球形成。湿润矿粉是成球的先决条件。由于细矿粉表面具有过剩的能量，通常带有电荷，被水润湿之后，可吸引具有极性的水分子而中和表面电荷，形成一层不能自由迁移的吸附水，再进一步润湿其他矿粉，在吸附水表面形成薄膜水，这二者组成分子结合水。

各个矿粉颗粒被吸附水和薄膜水层覆盖。当矿粉颗粒非常接近时，形成公共水化膜，把相邻的颗粒胶结起来，但此时颗粒之间结合的不太紧密。当矿粉颗粒被润湿超过其最大分子结合水时，水开始充填于一部分矿粉颗粒之间的空隙中，形成毛细水。这时水分在矿粉颗粒的间隙中形成弯曲的液面，产生毛细压力。在毛细压力的作用下，水滴周围的矿粉颗粒被拉向水滴中，形成比较紧密的颗粒结合体，这就是母球。

当矿粉完全被水饱和时还存在重力水，它在重力作用下发生迁移，对造球不利，易引起生球强度降低和变形。

（2）母球长大。母球的长大也是由于毛细效应。母球在造球机内滚动，原来结构不太紧密的母球压紧，内部过剩的毛细水被挤到母球表面，加以继续加水润湿母球表面，就不断黏结周围矿粉。这种滚动压紧重复多次，母球便逐步长大至规格尺寸。

（3）生球密实。造球机旋转使球团滚动而产生搓力作用，是使生球不断密实的决定因素。使球团内部矿粉颗粒发生选择性、按接触面积最大的方向排列，被进一步压紧并使薄膜水层沿颗粒表面迁移，继续形成公共水化膜，使各颗粒靠分子黏结力、毛细黏结力和内摩擦力的作用互相结合。如果将全部毛细水排除，便可得到机械强度最大的生球。

2.2.3 钒钛磁铁矿的滚动成球

如前所述，圆盘造球机是我国广泛应用的矿粉造球设备，主要生产酸性氧化球团，作为含铁原料供给高炉炼铁使用。

采用滚动成球法生产钒钛磁铁矿球团矿与生产普通矿球团一样，其主要造球原料是细密的钒钛铁精矿粉（<0.074mm 的粒度占60%以上）和无机粘结剂。无机粘结剂主要是含钙、铝和硅等元素的粘结剂，其中包括膨润土、水玻璃等。常用的无机粘结剂为膨润土，膨润土的主要矿物成分为蒙脱石 $(Na, Ca)_{0.33}$ $(Al, Mg)_2(Si_4O_{10})(OH)_2 \cdot nH_2O$，具有层状结构、阳离子吸附交换能力和很强的水化能力。蒙脱石晶层间能够吸收大量水分，吸水后晶间距明显增大，剧烈膨胀，这是膨润土的最重要特性之一。

其主要步骤是将所需粒度的铁精矿粉和添加剂以一定比例配好、混匀后直接倒入圆盘机进行滚动造球，工艺流程如图 2-3 所示。该法所造的生球由于低温强度较低，以及含水量较高，所以要求进行干燥、焙烧提高强度后再入高炉。

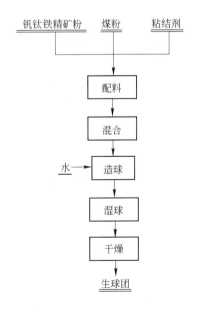

图 2-3　钒钛磁铁矿滚动成球法工艺流程

2.3 粉末压力成形原理及对辊压机成形工艺

2.3.1 粉末压力成形原理

2.3.1.1 压力下粉末的位移与变形

矿粉经过压制之后所得到的球（块）一般应具有足够的强度，以致在运输过程中不会破裂，其强度与矿粉种类、矿煤配比、粘结剂种类和用量及所施加的压力等有关。压力成球（块）法造球的基本原理是挤压成形，其成球过程大致可以分为如下三个阶段：

（1）矿粉颗粒的重新排列阶段。粉末颗粒在松散堆积时，由于表面不规则彼此之间有摩擦，颗粒间相互搭架而形成拱桥效应，因而粉末的松散密度很低。当粉末颗粒受压力作用时，拱桥效应先遭到破坏或部分被消除，使得粉末颗粒之间互相填充孔隙、相对位置重新排列，接触面积增加。

（2）弹性变形与塑性变形阶段。在大多数情况下，粉末压制过程中的弹性变形是可以忽略不计的。但当所施加的压力超过粉末颗粒的弹性极限时，粉末颗粒将发生塑性变形，使颗粒之间的接触面积进一步增加。

（3）粉末颗粒断裂阶段。当所施加的压力超过粉末颗粒的强度极限后，粉末颗粒强制接触发生粉碎性破坏，宏观上表现为球（块）的密度和强度进一步增大。

实际上在矿粉颗粒压制成形过程中，这三个阶段不是截然分开的，而是互相交叉进行的。随着矿粉种类、矿煤配比的不同，这三个阶段对成形球（块）密度的贡献也是不一样的。

2.3.1.2 压制过程中力的分析

粉末预成坯之所以有一定的强度，是因为粉末颗粒之间的联结力作用的结果。粉末颗粒之间的联结力大致可分为两种：

（1）粉末颗粒之间的机械啮合力。一般粉末的外表面是凸凹不平的，通过压制，粉末颗粒之间由于位移和变形可以互相啮合在一起。粉末颗粒形状越复杂，表面越粗糙，则粉末颗粒之间彼此啮合得越紧密，压坯的强度越高。

（2）粉末颗粒表面原子之间的引力。在压制后期，粉末颗粒受强大压力作用而发生位移和变形，粉末颗粒表面上的原子就彼此接近，当进入到引力范围内时，粉末颗粒便由于引力作用而联结起来，粉末颗粒之间的接触区域越大，压坯的强度亦越大。

2.3.1.3 粉末压制时压坯密度的变化规律

粉末体受压后发生位移和变形，在压制过程中随着压力的增加，压坯的相对密度出现有规律的变化，通常这种变化假设如图2-4所示。

第一阶段，在这个阶段内，由于粉末颗粒发生位移，填充孔隙，因此压力稍有增加时，压坯的密度增加很快，所以，此阶段又称为滑动阶段。

第二阶段，压力继第一阶段后，继续增加时，压坯的密度几乎不变，这是由于压坯经第一阶段压缩后其密度已达到一定值，粉末体出现了一定的压缩阻力，在此阶段内虽然加大压力，但孔隙度不能减小，因此密度变化也就不大。

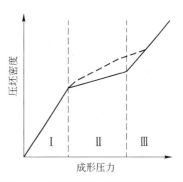

图 2-4 成形压力和压坯密度的关系

第三阶段，当压力继续增加超过某一定值后，随着压力的升高，压坯的相对密度又继续增加，因为当成形压力超过粉末的临界应力后，粉末、颗粒开始变形，由于位移和变形都起作用，因此，压坯密度又随之增加。

2.3.1.4 保压

模压成形过程中的加压速度不仅影响到粉末颗粒间的摩擦状态和加工硬化程度，而且影响到空气从粉末颗粒缝隙间的逸出情况。如果加压速度过快，空气逸出就困难，使压坯中的孔隙增多；如果加压速度过慢，则直接影响成形效率，增加制造成本。因此，压制过程应以慢速加压为宜。在压制完成之后，再进行适当保压，往往可以得到非常好的效果，需要保压的理由如下：

（1）使压力传递得充分，有利于压坯中各部分的密度均匀分布；

（2）使粉末体孔隙中的空气有足够的时间通过模型和模冲外排；

（3）给粉末之间的机械啮合和变形以充分时间，有利于应变的进行。

2.3.1.5 模压成形制备试样

模压成形基本的压制方式有单向压制、双向压制、多向压制、浮动模压制等。

2.3.2 对辊压机成形

2.3.2.1 对辊压机构造和工作原理

对辊式压力成形机是应用较多的矿粉造块设备。辊压机的结构同常用的双辊破碎机很相似，它由两个速度相同、彼此平行而相对向内转动的辊子通过四个重型滚动轴承安装在一个机架上，其中一个是固定辊，另一个是由油缸施加较大压力的活动辊。活动辊的轴承在机架上可以前后（或上下）移动。机架由纵梁和横梁组成，并由铸钢件通过螺栓连接而成。液压缸使活动辊以一定压力向固定辊靠近，如压力过大，则液压油排至蓄能器，使活动辊后移，起到保护机器的作用。

辊子之间的作用力由机架上的剪切销钉承受，使螺栓不受剪力。固定辊的轴承座与底架端部之间有橡皮垫起缓冲作用，活动辊的轴承座底部衬有聚四氟乙烯。为了保护辊子，在辊子的表面堆焊一层耐磨材料。

对辊压机的工作原理见图 2-5。辊压机工作时，当活动辊被电动机带动转动时，松散的物料由上方喂入两辊的间隙中，并向下运动，到下面受到破碎和挤压，形成密实的料床，经 150～200MPa 的高压处理后，物料颗粒内部产生强大的应力，当应力达到颗粒的破碎应力时，这些颗粒就相继被粉碎或粒径变小，或成粉状，或部分颗粒产生微小裂纹，增大了物料的易磨性。从对辊压机卸出的物料成片状料饼，但强度很低，经打散机打散后的颗粒物料中，有 70% ~ 80% < 2mm，有 20% ~ 30% < 0.05mm。

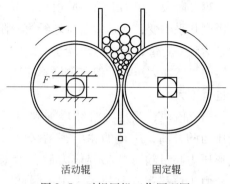

图 2-5　对辊压机工作原理图

两辊之间的缝隙约为 15 ~ 35mm。物料从被辊面咬住时开始，受到辊子作用力逐渐增加，最大压力可达 200MPa，物料在两辊间是以一个料层或一个料床得到破碎压实，料床在高压下形成，压力导致一部分颗粒挤压其他邻近的颗粒，直至其主要部分破碎、断裂、产生裂缝或劈开。所在双辊之间必须要有一层相适应的物料，否则就成为一台辊式破碎机了。

2.3.2.2　对辊压机的主要特点

对辊压机的主要特点有：

(1) 结构紧凑、重量轻、体积小，对于相同生产能力要求的粉磨 – 造球系统，装备辊压机可显著节省投资。

(2) 结构简单、占用空间小，操作维修较方便。

(3) 粉尘少，噪声低，工作环境有较大的改善。

2.3.3　钒钛磁铁矿不同直接还原工艺下的压球制度

钒钛磁铁矿直接还原所需球团矿要求低温强度高，因而采用压制成球的方法制备球团矿。压球法采用的主要设备是压力成形机：一种是液压式模型压力成形机（或机械式模型压力成形机），另一种是辊式压力成形机。两种不同的压力成形机均有应用，可视被处理的矿粉性质不同而选用不同的压力成形机。液压式模型压力成形机主要用于隧道窑煤基直接还原铁矿粉的压块成形，而辊式压力成形机主要生产内配碳（煤）球团，作为直接还原用含铁原料供给转底炉、车底炉、回转窑等非高炉炼铁工艺使用。

2.3.3.1　钒钛磁铁矿精矿粉造球用原料

钒钛铁精矿煤复合球团生产用原料主要包括：钒钛铁精矿粉、含碳料、水分、粘结剂、添加剂等。含碳料目前主要采用固体含碳料，且主要采用挥发分含量中等或低等的煤粉。煤粉主要起还原作用，提供固体还原剂 C，以及气体还原剂 CO（由 C 发生直接还原反应而生成 CO）。

造球时原料应具有一定的粒度及均匀的化学性质。细粒原料在球团过程中的优点明显，必须严格控制原料粒度。粒度过粗，生球特性以及球团转鼓指数下降；粒度过细，则难以脱水，需要增加干燥工艺，造成工艺复杂化。当原始钒钛铁精矿粒度偏粗时，为提高细粒级数量，应加强细磨，同时原料粒度组成还必须保持相对稳定。一般说来，粒度小于 0.074mm 的细密铁精矿粉、粒度在 0.37 ~ 0.246mm 矿粉和煤粉均可进行压力成形，生产内配碳（煤粉）球团，供直接还原使用。

造球时水分的控制也极为重要。水分变化影响生球的粒度和质量。最佳水分与含铁物料的物理性质（粒度、形貌、密度、颗粒空隙率）、混合料组成、造球机生产率和成球条件有关。在造球过程中，混合料中水分只有达到形成毛细水时，物料的成球过程才能得以发展。当水分偏低时，生球内部矿粒间的孔隙充满着大量空气，毛细管中水分少，形成的毛细力就小，生球长大过程慢、强度低；当水分偏高时，生球内部矿粒间充满大量的水，毛细管中水分高，有可能形成对造球过程有害的重力水，造成严重黏结现象，不利于造球。另外，水分过高，生球塑性增大，在运输过程中易产生变形和黏结，在干燥过程中还会加重料层的过湿现象，严重影响生球的干燥过程和生球质量。因此，适宜的水分对造球过程和生球质量有着重要的影响。

有研究发现，我国有一些地方产的钒钛铁精矿颗粒大小差异小，在造球过程中形成的毛细管少，加之颗粒表面光滑平整，成球性较差，造球时添加的适宜水量应相对较低；而另有一些地方产的钒钛铁精矿颗粒大小差异大，且颗粒边缘不光滑易形成较多的毛细管，容易成球，造球时添加的适宜水量应相对较高。

粘结剂按其物理状态和化学性质，可分为无机粘结剂和有机粘结剂两类。制造钒钛铁精矿煤复合球团时，由于要求生球团的低温强度较高，因而一般采用有机粘结剂。有机粘结剂可以是聚乙烯醇（PVA）、羟甲基纤维素（CMC）、羟甲基淀粉（CMS）等。采用有机粘结剂进行造球，可以在球团强度得到充分保障的情况下，尽可能避免粘结剂带入硅、钙等有害元素，有利于提高钒的回收率。

为提高球团的还原性，在制备球团时，可考虑加入一定量的添加剂（又可称为改质剂）。试验研究发现，钒钛磁铁矿与煤粉复合球团中添加适量的碱金属盐或碱土金属盐，球团的还原速度能得到明显的提高。

2.3.3.2 钒钛铁精矿内配碳球团压制成球工艺

目前，钒钛磁铁矿的直接还原工艺主要分为气基直接还原和煤基直接还原，采用的主要设备或工艺有转底炉、车底炉、回转窑、隧道窑、竖炉和流态化工艺。其中，前三种设备使用的还原样品均为钒钛磁铁矿精矿粉的内配碳球团，而隧道窑的还原对象为采用模压成形的钒钛磁铁矿精矿粉的内配碳球块。总的来说，这四项工艺均属于典型的煤基直接还原工艺；竖炉工艺是目前全世界占主导地位的直接还原铁的生产工艺，仅 KM 法用煤做还原剂，其他竖炉法均采用气基直接还原，所需还原样品为采用压力成形工艺制备的钒钛磁铁矿精矿粉非含碳球团矿。流态化工艺属于气基直接还原，不需要进行压球。关于钒钛磁铁矿直接还原用的各类球团矿，其成形工艺均包括配料、混料、压球（块）的过程，只是在混料过程中某些工艺不需要添加煤粉或碳粉而已。

（1）配料：球团的配料包括四个部分：铁矿粉、煤粉、添加剂和粘结剂。

1）铁粉矿是配料的主要部分约占 75%～85%。

2）煤粉是还原剂，在配料中占 15%～25%，将金属铁还原出来。

3）粘结剂帮助成球，使生球强度能够满足生产工艺要求，在配料中加入 1%～2%。

4）添加剂可缩短还原周期和提高金属化率。

（2）混料：混料工段包括混合和加水，其目的是使铁矿粉、煤粉、添加剂和粘结剂充分混匀，并添加适当的水。混合料的水分含量适度，是保证产品质量的关键。混合不匀，直接关系产品的收得率；加水是否合适，直接影响压球机的正常作业和生球强度，所以混料工作十分重要。在通常情况下，混合料的水分以 7%～8% 为宜。混合料堆密度一般在 1.2~1.6g/cm^3 之间。

（3）压球：完成混料工序后，随即进行压球。工业中多采用对辊压球机，少数采用冲压机。压球的优点在于对原料的粒度要求不太严格，且可以根据工艺的要求压成各种形状的球（或块），如圆形、枕头形、椭圆形、水滴形、菱形等。此工艺适用于内配碳球团还原法。

2.4　球团的干燥

2.4.1　生球干燥的目的和意义

对于滚动成形所造的湿球，含有大量水分，在入炉高温还原之前，必须先干燥，除去其中绝大部分水分。

（1）生球在进入高温还原之前若不干燥，带着大量水分进入预热区，球内水分剧烈蒸发，将使生球裂开，甚至发生爆裂。

（2）未经过充分干燥的生球，直接进入高温区还原，即使不发生爆裂，但由于球内含水高，水的蒸发要吸收大量热能，势必延长还原时间，降低生产率，并使燃料消耗上升。

因此，对于含物理水较多的生球，干燥是防止生球开裂、提高还原效率、降低能耗的必要工序。在实际生产中可使用冷却热球团矿的余热或还原炉尾气的余热干燥生球。

2.4.2　生球干燥的机理

生球干燥的过程首先是水分汽化的过程。当生球处于干燥的热气流（干燥介质）中时，其热量将透过生球表面的边界层传给生球。此时由于生球表面的蒸汽压大于热气流中的水汽分压，生球表面的水分便大量蒸发汽化，穿过边界层而进入气流，被不断带走。生球表面水分蒸发的结果，造成生球内部与表面之间的湿度差，于是球内的水分不断向生球表面迁移扩散，又在表面汽化，干燥介质连续不断地将蒸汽带走。如此继续下去，生球逐步得到干燥。可见，生球内部的湿度梯度和生球内外存在着的温度梯度，是促使生球内部水分迁移的动力。

生球的干燥过程是由表面汽化和内部扩散这两部分组成的。在干燥过程中，虽然水的内部扩散与表面汽化是同时进行的，但速度却不一定相同。当生球表面水分汽化速度小于内部水分的扩散速度时，其干燥速度受表面汽化速度的控制，成为表面的汽化控制。相反，当生球表面水分汽化速度大于其内部水分的向外扩散速度时，成为内部的扩散控制。

对表面的汽化控制来说，生球水分的去除取决于物体表面水分的汽化速度。显然，蒸发面积大、干燥介质温度高、流速快，则表面汽化作用就快，生球的干燥速度就大。在生产上一般是通过"大风量"、"薄料层"、"高风温"的操作方法来加速干燥的。

当干燥过程受生球内部扩散速度控制时，在表面水分蒸发汽化后，生球内部的水分不能及时扩散到表面上来，将导致生球表面干燥而内部潮湿的现象，最终使生球表面干燥收缩而产生裂纹。这种干燥过程变得比表面汽化控制时更为复杂，其干燥速度不仅与干燥介质的温度有关，还与生球直径和含水量有关。

一般情况下，铁精矿生球通常都加入少量粘结剂，因而这种物料不是单纯的毛细管多孔物（典型的为纸、皮革等），也不是单纯的胶结物（典型的为陶土、肥皂等），而是胶体毛细管多孔物，所以其干燥过程的进行不能单纯由表面汽化控制所决定，而内部扩散控制则要起相当大的作用。

在干燥开始时，水分在生球内部的扩散速度大于物体表面的汽化速度，而有足够的水由生球内部扩散到其表面。当干燥速度达到最大值后就进入等速干燥阶段。这时，由于是表面汽化控制，故干燥速度与生球的直径无关，而与其水含量有关。由于生球表面的蒸汽压等于纯液体表面上的蒸汽压，其干燥速度就等于同样条件下纯液体的汽化速度，并与干燥介质的温度、速度和湿度有关。

当生球水分达到临界点后，就进入干燥的第二阶段，即降速阶段，干燥速度完全由水分自生球内部向外表扩散的速度所控制。因此在第二阶段中，干燥速度与生球直径和含水量有关。而干燥介质的温度仍起决定性的影响，当生球水分达到平衡湿度时，干燥速度便等于零。

随着干燥过程的进行，生球将发生体积收缩，收缩对于干燥速度和干燥后干球质量的影响是两方面的。一方面，如果收缩不超过一定的限度（未引起开裂），就形成内粗外细的圆锥形毛细管，使水分由中心加速迁移到表面，从而加速干燥。这种收缩就使物料变紧密，强度提高。所以这种收缩是有利的。但另一方面，生球表层与中心的不均匀收缩会产生应力，其表层的收缩大于平均收缩，则表层受拉应力；而其中心的收缩小于平均收缩，则中心受压应力。如果生球表层所受的应力超过其极限抗拉强度时，生球会开裂，并且强度显著降低，因此这种收缩是不利的。

生产实践证明，根据生球原料的特性及粒度的不同，干燥过程可能引起两种相反的效果。对含有大量胶体颗粒的褐铁矿或含泥量高的赤铁矿所制得的生球，干燥过程会使其结构变得牢固。然而对结晶型的赤铁矿和磁铁矿生球来说，干燥会使结构变弱。有添加物的赤铁矿和磁铁矿生球，干燥后其结构的变化则由添加物的作用决定。这是由于这种生球在它们去除毛细水时，胶体颗粒充填在较粗大的颗粒中间，增强了颗粒间的黏结力。

另外，如果生球中的颗粒是比较均匀和尺寸比较粗大的话，它们就不可能变得足够紧密，在去掉毛细力以后，干球的强度可能更低。因此生球结构越弱，开裂越显著。

此外，干燥速度越快，生球不均匀收缩越显著，开裂的危险性也就越大，同时，当生球内部水分的蒸发速度大于水分自球内排出的速度时，生球也会开裂。

2.4.3 影响生球干燥速度的因素

生球在干燥过程中可能产生低温表面干裂和高温爆裂，因此生球干燥必须以不发生破裂为前提。其干燥速度与干燥所需时间取决于下列因素：

（1）干燥介质的状态。干燥介质的状态指干燥气流的温度、流速与湿度。干燥介质的温度越高，生球水分的蒸发量就越大，干燥速度也越快，干燥时间相应缩短。但干燥介质的温度需受生球破裂温度的限制，应控制在生球的破裂温度之下，否则随着介质温度的不断提高，将会使生球表层与中心不均匀收缩加剧，导致裂纹的产生，更有甚者会因剧烈汽化，中心水分来不及排除而爆裂。

干燥介质的流速越快，生球表面汽化的水蒸气散发越快，可促进生球表面水分的快速蒸发。与温度的影响相似，干燥介质流速也受生球破裂温度的制约。通常情况下，流速快时，应适当降低干燥温度，对于热稳定性差的生球干燥时，往往采用低温大风量的干燥制度。

干燥介质的湿度越低，生球表面与介质中蒸汽压力差值就越大，有利于水分的蒸发，但有些导湿性很差的物质，为了避免形成干燥外壳，往往采用含有一定湿度的介质进行干燥，以防裂纹的产生。

（2）生球的性质。生球本身的性质包括生球的初始湿度与粒度等。生球的初始湿度高，破裂温度就低。因为生球初始水分高时，干燥初期由于生球内外湿度相差大会造成严重的不均匀收缩，使球团产生裂纹；在干燥后期，当蒸发面移向内部后，由于内部水分的蒸发而产生的过剩蒸汽压就会使生球发生爆裂，而爆裂温度的降低必然限制生球的干燥速度，延长干燥时间。一般，亲水性强的褐铁矿所制得的生球其爆裂温度比赤铁矿与磁铁矿要低。

生球粒度小时，由于具有较大的比表面积，蒸发面积大、内部水分的扩散距离短，阻力小，干燥速度快，可承受较高的干燥温度。生球粒度过大会影响干燥速度，对干燥不利。

（3）球层高度。增加球层高度将延长干燥时间，降低干燥速度。因为球层越厚，干燥介质中的水蒸气在下部料层凝结的情况就越严重，底层生球的水分含量将升高，因而降低了底层生球的破裂温度。因此在厚料层干燥时，应延长干燥时间，限制干燥速度。

2.4.4　生球干燥过程中的强度变化

生球主要靠水的毛细管作用力将颗粒联结在一起，并具有一定的强度。随着干燥过程的进行，毛细水减少，毛细管收缩，毛细管作用力加强，使生球的抗压强度提高。当大部分毛细水蒸发之后，剩下少量触点状毛细水，仍能维持生球的强度。水分进一步蒸发，毛细水消失，生球的强度理应下降。但是由于收缩使颗粒靠拢，增加了颗粒间的分子作用力和摩擦阻力，故生球仍有一定的强度。

干燥后生球的强度与原料的性质、粒度组成关系甚大，特别是原料中含有胶体颗粒或粘结性物质时，可使干燥后的生球具有相当高的抗压强度。虽然生球的抗压强度明显提高，但是抗冲击强度下降。因为失去了在颗粒之间起缓冲作用的毛细水，使生球变脆。

生球干燥过程中产生收缩，固然有利于提高其强度，但是不均匀的收缩，会导致在球内产生应力。由于生球的外层干燥较快，温度较高，使得收缩率大，中心则相反。所以外层受拉应力，内部受压应力，从而使生球产生裂纹。实验证明，已经产生裂纹的生球，虽然经过高温下焙烧，裂纹不可能愈合，成品球的强度将受到影响。

当生球进入降速干燥阶段时，干燥速度受内部蒸汽扩散速度控制。这时干燥介质的流速已不能影响干燥速度。为提高干燥速度，只有提高介质温度，而过高的介质温度使生球内部水分激烈蒸发，如果向外扩散不及时，必然使内部蒸汽压力升高，一旦超过表层的强度极限，便发生爆裂。爆裂不仅破坏损失了球团，而且还恶化床层透气性，不利于下一步工序。

防止生球爆裂的措施有以下几种：

（1）严格控制干燥介质的温度在生球爆裂温度以下。这种措施虽然有效，但是若生球爆裂温度太低，势必影响干燥速度，从而降低生产率。

（2）配加皂土是一项有效提高生球爆裂温度的措施。皂土可以降低生球中水分的蒸发速度，使水缓慢地释放出来，从而降低了生球内部的蒸汽压力。此外，皂土还提高生球的强度，因而提高了生球抗爆裂能力。

（3）控制生球的密度，使之有适当的孔隙，以便于球内蒸汽向外部扩散。而控制球团的密度，除控制其原料的粒度组成外，最有效的办法是控制造球时间。实验证明：缩短造球时间可以提高生球的爆裂温度，但与提高生球的强度矛盾。因此若采取此措施，必须兼顾强度和爆裂温度二者的要求。

（4）生球的爆裂温度与其含水量有关。水分愈高，爆裂温度愈低，反之则愈高。因此可以采用逐步升温的干燥方法，以加快干燥过程。

2.5 球团物理机械性能表征

造球是球团生产工艺中非常重要的环节，所造生球（生球指湿球和干球，是干燥脱除物理水以后的球团）性能直接影响后续的干燥、预热、焙烧、还原工序及最终产品质量。因此，对生球的性能要加强检测，为后续工序创造良好条件。生球性能评价指标主要包括生球水分、粒度组成、抗压强度、生球落下强度以及生球的破裂温度等。本节主要介绍生球团的物理机械性能，主要有：球团水分含量、密度和气孔度、抗压强度、落下强度、高温爆裂性能及养生性能等。

2.5.1 球团水分含量

球团水分含量 W 可用下式表征：

$$W = \frac{A_1 - A_2}{A_1} \times 100\% \tag{2-1}$$

式中 A_1，A_2——分别为湿球和干燥后干球的质量。

水分是影响球团强度的重要因素。滚动造球时若水分过少，由于矿粒之间毛细水分不足，导致生球长大速度慢，强度低；水分严重不足时，甚至还会造成母球内的孔隙可能被空气填充，矿粒接触不紧密，母球很脆弱，在机械力作用下有可能碰碎，使得成球难以进行。如果水分过高，则会带来以下问题：

（1）生球粒度不均匀，易形成大球；

（2）过湿的物料和过湿的生球容易粘附在造球机内，破坏母球的正常运行轨迹，使母球失去滚动能力，造球操作困难；

（3）生球塑性大，运输过程中易变形或互相粘结；

（4）生球爆裂温度降低，给干燥带来困难。

对于压力成形的球团，其中还含有一定量的煤粉、粘结剂以及少量的水分，基本上不会产生上述问题。

2.5.2 密度和气孔度

球团的密度和气孔度无论对其机械强度还是还原性均有明显的影响，是一项重要的指标。

球团真密度（R_0）的简易测定方法：选择大小均匀、完整的生球作为检测用球，从中随机取出 4 个作为实验用球。将球团试样磨细成粒度小于 0.1mm，取一定细粉样品（如 50～100g）称重，记为 Q，并放入盛水的比重瓶中（用酒精代替水则更好，因为酒精是易润湿样品）。球团的质量 Q 与排水量 V 之比即为球团的真密度 R_0，用下式计算：

$$R_0 = \frac{Q}{V} \tag{2-2}$$

式中　　R_0——球团的真密度，g/cm^3；

　　　　Q——球团细粉（小于 0.1mm）质量，g；

　　　　V——球团细粉排出水的体积，cm^3。

　　取经过多次实验得到的 R_0 数据的平均值作为球团真密度。

　　球团的假密度（R_1）的简易测定方法：按图 2-6 中（1）→（2）→（3）→（4）程序操作即可。即取球团试样 3～4 个，以绳系吊，称重后放入石蜡浴锅内浸蜡 1～2s，使球团试样表面完全涂上一薄层蜡后再进行称量，此即为涂有石蜡表面层的球团试样重。将此球团试样随即置于量筒内测定所排出水的体积既为涂有石蜡的球团的体积，则：

$$R_1 = \frac{Q_1}{V_0 - V_n} = \frac{QR_n}{R_n V_0 - (Q_2 - Q_1)} \tag{2-3}$$

式中　　R_1——球团的假密度，g/cm^3；

　　　　Q_1——未涂石蜡时原球团的质量，g；

　　　　Q_2——涂石蜡后球团的质量，g；

　　　　V_0——涂石蜡后球团的体积，cm^3；

　　　　V_n——石蜡涂层占有的体积，cm^3；

　　　　R_n——石蜡密度，g/cm^3（石蜡密度小于水，通常为 0.88～0.915g/cm^3，熔点 50～70℃，沸点 300～550℃，不溶于水）。

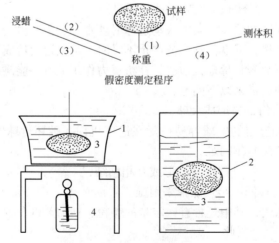

图 2-6　球团假密度的测定示意图

1—石蜡浴锅；2—量筒；3—球团；4—酒精灯

当石蜡涂层很薄时，Q_1 与 Q_2 相差很小，$Q_1 - Q_2 \approx 0$，$V_n \approx 0$，则：

$$R_1 \approx \frac{Q_1}{V_0} \tag{2-4}$$

取经过多次实验得到的 R_1 数据的平均值作为球团假密度。

获得球团的真密度和假密度后，即可计算球团的气孔度 P：

$$P = \frac{R_0 - R_1}{R_0} \times 100\% \tag{2-5}$$

表 2-1 为实测的钒钛磁铁矿内配碳球团的真、假密度以及气孔度试验数据，计算出球团的气孔度 P 平均值为 19.7%。这里的气孔包括与外界相通的开口气孔和包含在球团内部的闭口气孔，气孔愈多愈有利于还原。

表 2-1　钒钛磁铁矿球团气孔度 P 实验数据

真密度 $R_0/\text{g} \cdot \text{cm}^{-3}$	4.73	4.63	4.81	4.77
假密度 $R_1/\text{g} \cdot \text{cm}^{-3}$	3.80	3.92	3.72	3.81
气孔度 $P/\%$	20.51	15.33	22.66	20.12

2.5.3　抗压强度

生球抗压强度是指：生球在焙烧和还原设备上所能经受料层负荷作用的强度。抗压强度是表示球团强度的重要指标，生球的抗压强度以在一定施压速度和压力条件下开始出现破裂变形时所对应的最大压力表示，单位通常为 N/个或 kg/个。

生球抗压强度的测试可使用 ZQJ-Ⅱ型智能颗粒强度实验机，量程 500N，精度为一级，加力速度 5N/m。

球团的检测标准和国际标准 ISO4700 相同，在实验过程中，用 ZQJ-Ⅱ型智能颗粒强度实验机测试多个球团的强度，最后取平均值，可得出较为准确的抗压强度值。在实际检验时，可选取不少于 10 个生球来测试球团的抗压强度，得出球团抗压强度的算术平均值。

实际生产中，对生球抗压强度应有一定的要求。对于滚动成球生产的生球，生球抗压强度的要求与焙烧设备有关。一般带式焙烧机和链箅机 - 回转窑，焙烧时料层较薄（料层高小于 0.5m）时，生产的球团矿抗压强度具体要求为：湿球不小于 8.82N/个；干球不小于 35.28N/个。竖炉焙烧料层较高，湿球抗压强度要求大于 9.8N/个，干球抗压强度应大于 49.0N/个。

2.5.4　落下强度

生球的落下强度是指生球由造球系统运输到焙烧（还原）系统过程中所能经受的强度。

生球从造球系统到还原系统的运输过程中，要经过筛分和数次转运后才能均匀地布在炉床上进行焙烧（还原），因此，生球必须要有足够的落下强度以保证在运输过程中既不破裂又很少变形。目前世界各国的测定生球落下强度的方法不尽相同。

测试生球的落下强度的简易方法：每次试验用生球数量不少于 10 个球（重要试验每次不少于 20 个球）。落下高度为 500mm，落到 10mm 厚的钢板上，当球团出现裂缝或破裂成块时，落下的次数规定为落下强度指标（包括出现裂缝或破裂的这一次在内），取其算术平均值，单位为：次/个。

生球的落下强度指标的要求与球团生产过程的运转次数有关，当运转次数小于 3 次时，落下强度应至少 4 次/个以上。

由于生球的抗压强度和落下强度分别与生球直径（大小）的平方成正比和反比，因此，测试两种强度时生球都应尽量取相同直径（大小），并接近生球的平均直径（大小），以具代表性。

2.5.5　高温破裂性能

生球的破裂温度是指生球干燥时结构遭到破坏时的初始温度。生球破裂温度越高，允许干燥温度就越高，相应干燥速度就越快，球团矿产量就越高。

生球破裂温度取决于原料性质、添加剂种类和添加量及造球工艺参数。但不同测定方法所测生球破裂温度差异较大，测定条件必须尽可能模拟生产条件，在一定的空气流速下动态进行测定。一般采用动态介质法测定生球破裂温度。

动态介质法测定：将生球（大约 10 个）装在耐热金属丝编织的篮子里，然后以 1.8m/s 的速度（工业条件时的气流温度）向篮子内球团层吹热风 5min，对生球进行加热（干燥）。试验温度一般从 450℃ 开始，根据试验中生球的情况，可以用增高或降低介质温度（如 ±25℃）的方法进行试验。气体温度可用向热气体中掺进冷空气的方法进行调节。试验时有 10% 球团出现裂纹（或破裂）时的温度即为生球破裂温度。此种方法要求对每个温度条件都必须重复做几次，然后确定出破裂温度值。一般认为，具有良好结构性能的球团破裂温度不低于 375℃。

工业生产中的球团进入炉子反应时是从室温到 1200℃ 的高温，就必须考虑球团高温爆裂性能。高温爆裂的测定是以十个球团的爆裂比例来计量的。球团的高温爆裂性能测试方法是选出大小均匀、完整的生球作为检测用球。如选取 30 个均匀生球分成 3 组，分别直接放入 1200℃ 的高温炉内，保温 15min 后取出球团，以发生爆裂的球团所占比例来表征生球高温爆裂性能。以下式计算：

$$生球高温爆裂性能 = \frac{发生爆裂的球团数}{试验的球围拢总数} \times 100\% \tag{2-6}$$

表 2-2 为 3 组生球高温爆裂性能试验数据。由表 2-2 可知，生球的高温爆裂性能较差，平均在 50% 左右。

表 2-2　生球高温爆裂性能

生球组号	爆裂球团个数	未爆裂球团个数	高温爆裂性能/%
S-1	4	6	40
S-2	7	3	70
S-3	4	6	40

表 2-3 为相同试验条件下先在室温下养生 8h 后球团的高温爆裂性能数据。由表 2-3 可知，先养生的球团高温爆裂性能较好，平均在 13.3% 左右。

同等条件下，若将球团干燥 3h 后，则高温爆裂性能会显著提高（见表 2-4）。由表 2-4 可知，干燥球高温爆裂性能平均在 6.7% 左右。

表 2-3　养生球高温爆裂

球团组号	爆裂球团个数	未爆裂球团个数	爆裂性/%
S-1	1	9	10
S-2	1	9	10
S-3	2	8	20

表 2-4　干燥球高温爆裂

球团组号	爆裂球团个数	未爆裂球团个数	爆裂性/%
S-1	1	9	10
S-2	1	9	10
S-3	0	10	0

从表2-2、表2-3、表2-4中得知：未经干燥或养生的生球高温爆裂性能较差，不能满足工业生产的需要；干燥后的生球和养生后的生球高温爆裂性能较好，能满足工业生产的需要。所以，在实际生产中宜使用干燥后的生球或养生后的生球。

2.5.6　养生性能

球团养生是指球团在自然和干燥条件下放置一定时间后其机械强度发生变化的过程，其养生性能即指经过养生后机械强度的变化特性。

养生性能的测试：选出大小均匀、完整的生球作为检测用球。选取18个均匀的生球分成两组，一组是在自然条件下养生；另一组是在干燥箱中养生。在自然条件下养生一组分成三份，分别放置3h、6h、9h，测出它们的抗压强度和落下强度；在干燥箱中养生一组也分成三份，分别在300℃的条件下干燥1h、2h、3h，测出它们的抗压强度和落下强度（见表2-5）。

表 2-5　养生球团的抗压强度

性能指标	自然条件下养生的生球			干燥箱中养生的生球		
养生时间/h	3	6	9	1	2	3
平均抗压强度/N·个$^{-1}$	176	198	214	239	387	>500
平均落下强度/次·个$^{-1}$	9	11	14	18	24	31

从表2-5中得知，球团的抗压强度和落下强度都随养生时间的增加而增大，且在干燥箱中养生的生球在较短的时间内其抗压强度和落下强度均高于自然条件下养生的生球。

所以，在生产球团过程中，应适当增加养生温度和养生时间，来提高球团强度性能。但养生时间不宜过长，否则会造成球团大量堆积，给生产带来困难。

本 章 小 结

本章重点介绍了球团滚动成球法，对辊压机成形的主要工艺、基本原理及其主要设备，球团主要物理机械性能及其表征方法，球团干燥意义、机理及其影响因素。

复习思考题

1. 与传统的高炉相比，采用钒钛磁铁矿与煤粉复合球团进行加热还原有何优点？
2. 生产钒钛磁铁矿与煤粉复合球团采用的原料有哪些？
3. 采用圆盘造球机生产钒钛磁铁矿与煤粉复合球团工艺环节主要有哪些？
4. 简述滚动成球基本原理。
5. 粉末成形过程中压坯密度如何变化？
6. 对辊压机的构造和工作原理是什么？其主要特点有哪些？
7. 生球的干燥机理是什么？
8. 影响生球干燥速度的因素是什么？
9. 简述生球团的主要物理机械性能。
10. 铁矿粉的造球主要有哪两种方法？简述其主要区别。
11. 简述生球的密度和气孔度测量方法。

参 考 文 献

[1] 东北工学院钒钛磁铁矿综合提取研究小组. 钒钛磁铁矿球团还原过程的物理化学特点与 0.2m³ 竖炉试验——铁、钒、钛分离的物理化学之二 [J]. 东北大学学报（自然科学版），1977，4：11~16.

[2] 周兰花，陶东平，方民宪，等. 钒钛磁铁矿碳热还原研究 [J]. 稀有金属，2008，33 (3)：406~410.

[3] 冀春霖，陈厚生，詹庆霖. 钒钛磁铁矿球团灾难性膨胀及其消除办法的研究 [J]. 钢铁，1979，5：1~9.

[4] 薛逊. 钒钛磁铁矿直接还原实验研究 [J]. 钢铁钒钛，2007，28 (3)：37~41.

[5] 徐萌，任铁军，张建良，等. 以转底炉技术利用钛资源的基础研究[J]. 有色金属（冶炼部分），2007，9 (2)：3：10~15.

[6] 段东平，万天骥，任大宁. 利用普通品位铁矿的煤基直接还原新工艺研究 [J]. 钢铁，2001，36 (8)：7~11.

[7] 叶匡吾. 钒钛磁铁矿链箅机-回转窑直接还原工艺设计的若干问题 [J]. 烧结球团，1991，16 (1)：15~19.

[8] 潘宝巨，张成吉. 铁矿石造块适用技术 [M]. 北京：冶金工业出版社，2000.

[9] 王悦祥，烧结矿与球团矿生产 [M]. 北京：冶金工业出版社，2006.

[10] 张一敏，球团矿生产技术 [M]. 北京：冶金工业出版社，2008.

[11] 杨绍利，冶金概论 [M]. 北京：冶金工业出版社，2010.

[12] 汪琦. 铁矿含碳球团技术 [M]. 北京：冶金工业出版社. 2005.

[13] 邱冠周. 冷固结球团直接还原 [M]. 长沙：中南工业大学出社，2001.

[14] 李蒙，任伟，陈三凤. 国内外球团矿生现状及展望 [J]. 球团技术，2005，2：2~13.

[15] René Munnix, Jean Borlée, Didier Steyls. Comet – a new coal – based process for the production of DRI [J]. MPT International, 1997, 2：50~59.

[16] Donald Barnett, John T. Kopfle. steel 2003：a road map of the 21st century [J]. Ironmaking Conference Proceedings, 1994：499~504.

[17] Toshiro Fujiwara. Production and Technology of Iron and Steel in Japan During 1995 [J]. ISIJ Internation-

al, 1996, 4 (36): 367~379.

[18] Tosayuki Hanmyo. Production and Technology of Iron and Steel in Japan During 2000 [J]. ISIJ International, 2001, 7 (41): 655~669.

[19] Jean Borlée, Didier Steyls, René Munnix. Scale-up of the comet direct reduction process. ironmaking conference proceedings [J]. 1998, 57: 869~875.

[20] J. Becerra, D. Yanez. Why DRI has become an attractive alternative to blast furnace operators [J]. Iron and Steel International, 1980, 2: 43~49.

[21] 中国科学技术情报研究所重庆分所. 铁矿石直接还原 [M]. 重庆: 科学技术文献出版社重庆分社, 1979.

[22] 中南矿冶学院团矿教研组. 铁矿球团 [M]. 北京: 冶金工业出版社, 1960.

[23] 李兴凯. 竖炉球团 [M]. 北京: 冶金工业出版社, 1982.

[24] 张一敏. 球团矿生产知识问答 [M]. 北京: 冶金工业出版社, 2005.

[25] [西德] K. 梅耶尔. 铁矿球团法 [M]. 杉木译. 北京: 冶金工业出版社, 1986.

3 钒钛磁铁矿直接还原基本原理

本章学习要点：

1. 钒钛磁铁矿的还原特点；
2. 钒氧化物、铬氧化物的还原过程；
3. 钛氧化物还原的流程和主要反应；
4. 锰氧化物、硅氧化物的还原过程；
5. 钒钛磁铁矿钠化球团的还原过程及特点；
6. 钒钛磁铁矿球团还原膨胀的机理和解决办法。

3.1 钒钛磁铁矿矿物特征及其直接还原特点

3.1.1 钒钛磁铁矿的工艺矿物学特征

3.1.1.1 化学组成

攀西钒钛磁铁矿是著名的多金属共伴生矿，这就决定了其化学组成及相关组分的赋存状态有别于且复杂于普通的铁矿石。其中，铁、钛、钒三元素是钒钛磁铁矿中主要的有益共生主体，钙、镁、铝、硅、锰、锌、钠、铬、钴、镍、铜、硫、镓、硒、碲、钽、钇、镓和铂等多种组分伴生其中。表 3-1 为攀西某地区钒钛磁铁矿的化学组成。

表 3-1 钒钛磁铁矿的化学组成　　　　　　　　　　（%）

成　分	TFe	FeO	Fe_2O_3	TiO_2	V_2O_5	Cr_2O_3	SiO_2	Al_2O_3
含　量	31.55	23.85	17.32	10.58	0.31	0.03	23.01	7.85
成　分	MgO	MnO	P_2O_5	S	Co	Ni	Cu	CaO
含　量	6.38	0.28	0.07	0.70	0.016	0.015	0.024	6.85

3.1.1.2 矿物组成

攀西钒钛磁铁矿虽然伴生组分多，但是其主要矿物组成并不复杂，主要是由金属矿物和造岩矿物组成的。具体地说，主要是由氧化物、硫化物、砷化物和锑化物、磷酸盐矿物和硅酸盐矿物等组成，如表 3-2 所示。

工业矿物主要为钛磁铁矿类、钛铁矿类、钴镍硫化物和脉石等四大类构成，并形成选矿可获得的三种产品：钒钛铁精矿、钛精矿和硫钴精矿。

钛磁铁矿类：矿物相对含量约 43% ~ 45%，以钛磁铁矿（矿石中主要的含铁矿物，

表 3-2 攀西地区钒钛磁铁矿的矿物组成

金属矿物		造岩矿物	
氧化物	硫化物、砷化物和锑化物	原生	次生
（1）钛磁铁矿 – 铬钛磁铁矿 – 钛铬铁矿 （2）镁铝尖晶石 - 镁铁尖晶石 - 铁尖晶石 （3）粒状钛铁矿 （4）磁铁矿、磁赤铁矿	（1）铁的硫化物、砷化物 （2）铜矿物 （3）钴镍矿物 （4）铂族矿物 （5）其他硫化物	橄榄石、斜长石、含钛普通辉石、含钛普通角闪石等	蛇纹石、绿泥石、次闪石、滑石、方解石等

也是 V、Ti、Cr、Ga 的主要载体矿物，并含有一定数量的 Mn、Co、Ni、Cu）为主，尚包括少量的磁赤铁矿、次生磁铁矿、针铁矿、褐铁矿等。

钛铁矿类：矿物相对含量约 8.5% ~ 9.5%，以钛铁矿（是指矿石中的粒状钛铁矿，是可选收的含钛矿物，占整个钛铁矿类的 95% 以上）为主，尚包括微量的白钛石矿、金红石矿、钙钛矿等。

硫化物类：矿物相对含量约 1.5% ~ 2.5%，以磁黄铁矿、黄铁矿和黄铜矿为主，尚包括微量钴镍黄铁矿、硫钴矿、硫镍钴矿、墨铜矿、砷锑化合物。大多数的硫化物呈集合体状或不规则状分布于铁钛氧化物、脉石矿物粒间（硅酸盐矿物）；而少数硫化物在钛磁铁矿、钛铁矿颗粒中呈乳滴状、星点状分布或呈叶片状、竹叶状、板条状集合体出现在蚀变的硅酸盐矿物中，并呈细脉状、网脉状产出。

脉石类：矿物相对含量约 43% ~ 47%，硅酸盐是主要脉石矿物，其中以钛普通辉石、斜长石为主，占脉石矿物总量的 90% 以上，这是选矿过程中排出作为尾矿的对象；次为橄榄石、钛闪石，尚包括少量的绿泥石、蛇纹石、绢云母、伊丁石、葡萄石、榍石、透闪石、绿帘石、黝帘石、黑云母、石榴石、磷灰石、方解石、角闪石等。

3.1.1.3 有益元素的赋存状态

有益元素在矿石中可呈多种赋存状态，除以独立的矿物形式出现外，还可以进入矿物晶格的类质同象混入物、或以微细包体出现的机械混入物、固溶体分离物，以及呈胶体或阴阳离子吸附状态存在。从后期综合利用的角度考虑，有益元素在矿石中的赋存状态可分为集中和分散两大类。前者在矿石中集中于少数矿物内，或为矿物的主要成分，或为非主要成分的各种混入物；后者则分散于各组成矿物，或绝大多数主要矿物中。元素的赋存状态不同，回收和利用的方向、方法、途径、工艺技术等也不一样。现将钒钛磁铁矿中主要有益元素的赋存状态详述如下。

（1）铁。毫无疑问，矿石中的铁主要赋存于钛磁铁矿中，属于钛铁矿和脉石矿物部分的铁居于次要地位，由于硫化物含量很低，对铁来说就无关紧要了。钒钛磁铁矿经选矿过后，原矿中的铁有 82.52% 左右赋存于钛磁铁矿中，钛磁铁矿是一种以磁铁矿为基底微晶的钛铁矿等矿物分布其中的复合矿物，是回收铁的主要对象，随选矿进入铁精矿；有 6.95% 左右的铁赋存于钛铁矿中，随选矿进入钛精矿；有 7.26% 以细微包裹体或少量类质同象状态分存于硅酸盐矿物中，不可回收；有 3.27% 的铁以硫化物形式存在，不可回收。

（2）钛。矿石中的钛主要集中在粒状钛铁矿和钛磁铁矿中。钛的赋存状态极其复杂，主要以三种形态存在：钛（以 TiO_2 计）约 63.55% 赋存于钛磁铁矿中，主要是以钛铁晶石和钛铁片晶包含在钛磁铁矿颗粒中，进入铁精矿；有 29.97% 左右的钛赋存于钛铁矿中，是回收钛的主要对象；有 6.48% 的钛呈微细包裹体存在于钛辉石和斜长石中，这部分钛不能回收，影响电选尾矿的含钛品位。

（3）钒。无论何种矿石类型、矿石品级，原矿中的钒（以 V_2O_5 计）均赋存于钛磁铁矿中，是回收钒的主要对象，随选矿进入铁精矿，故又称铁钒精矿。目前，钛磁铁矿中未见到钒的独立矿物，其在钛磁铁矿中的分布是均匀的。钒与铁的离子半径很相似，并且具有较高的化合价，能形成坚固的键。因此，钒可以在高温结晶时隐蔽在钛磁铁矿的尖晶石型结构之中，成为最稳定的类质同象杂质。

（4）铬。铬主要赋存于钛磁铁矿中，以 Cr^{3+} 取代钛磁铁矿中的 Fe^{3+}，以类质同象的形式存在。原矿中有 79.93% 左右的 Cr_2O_3 赋存于钛磁铁矿中，是回收铬的主要对象，随选矿进入铁精矿中。据资料显示，攀西地区仅红格矿区的铬具有较高的实用价值，攀枝花、白马、太和矿的含铬量甚低，无利用价值。红格矿铬的含量严格受矿石基性程度的控制：辉长岩型矿石原矿 Cr_2O_3 品位 0.013% ~0.198%；其 80% 以上赋存于钛磁铁矿中。辉石岩型原矿 Cr_2O_3 品位 0.118% ~0.416%，其 92.08% ~94.43% 赋存于钛磁铁矿中。橄辉岩型矿石原矿 Cr_2O_3 品位 0.23% ~0.59%，其 91.76% ~94.33% 赋存于钛磁铁矿中。

（5）钴、镍、铜。钴、镍、铜是价值比较高的有色金属，其在钒钛磁铁矿中主要是以微细钴镍矿物、铜矿物及类质同象形态赋存于磁黄铁矿中，是分选硫化物回收钴镍元素的主要对象。此外，还有一定数量呈微细包裹体不均匀地分布在钛磁铁矿、钛铁矿和脉石矿物中。

（6）钪。钒钛磁铁矿中尚未发现诸如钪钇石、钙钪石、钠钪石、铁硅钪石等钪的独立矿物，而钛普通辉石、钛铁矿、钛磁铁矿是钪的主要载体，有少量的钪分布在斜长石和硫化物中。

3.1.2　钒钛铁精矿的工艺矿物学特征

钒钛磁铁矿经分选富集获得的主要含钛磁铁矿的精矿产品，就称为铁（钒）精矿产品，其精矿的品位、伴生组分、矿物组成均不同于一般的磁铁石英岩型的铁精矿。一般来说，不同品级的原矿所获得的铁精矿产品的品位有可能相同，但其伴生组分不同；同时，在原矿品位相同的条件下，所获得的不同品位的铁精矿产品，其杂质含量也呈现出不同的分布规律。现以攀枝花红格矿区分选出的钒钛铁精矿为例，详述铁精矿的工艺矿物学特征。其化学组成如表 3-3 所示。

表 3-3　钒钛铁精矿的化学组成　　　　　　　　　　　　（%）

成分	TFe	FeO	Fe_2O_3	TiO_2	V_2O_5	Cr_2O_3	SiO_2	Al_2O_3	CaO	MgO	Cu	Co	Ni	S	P
含量	59.20	24.55	57.37	10.98	0.65	0.069	1.28	2.59	0.47	2.32	0.012	0.014	0.024	0.034	0.014

钒钛铁精矿的矿物成分主要是钛磁铁矿 $[m FeO \cdot Fe_3O_4 \cdot n(FeO \cdot TiO_2)]$，其次为钛铁矿（$FeO \cdot TiO_2$）和钛铁晶石（$2FeO \cdot TiO_2$）。若钒钛铁精矿经 XRD 物相分析后未发现钛铁晶石，这属于正常现象，这可能是由于铁精矿粉制样过程中在空气气氛中进行干燥处理的缘故。通过计算，可以得出纯钛铁晶石只有在很低的氧逸度下才能稳定存在，脱溶

出来的钛铁晶石在较低的温度下能氧化形成钛铁矿，其氧化反应为：

$$6Fe_2TiO_4 + O_2 \longrightarrow 6FeTiO_3 + 2Fe_3O_4 \tag{3-1}$$

从多年的生产实践证明，铁（钒）精矿的特性主要表现在其产品成分稳定，含铁量波动小，含水分低，有利于工艺操作。

3.1.3 钛精矿的工艺矿物学特征

目前，全球有工业利用价值的钛资源主要是钛铁矿、锐钛矿、板钛矿、白钛矿、钙钛矿和金红石，大量开采利用的是钛铁矿和金红石，其中钛铁矿占绝大多数。如前所述，钒钛磁铁矿中的钛有 29.97% 左右的钛赋存于钛铁矿中，是回收钛的主要对象。现以攀西钒钛磁铁矿某矿区分选出的钛精矿为例，详细描述钛精矿的各类工艺矿物特征，其化学组成见表 3-4。

表 3-4　钛精矿的化学组成　　　　　　　　　　（%）

成分	TFe	FeO	Fe$_2$O$_3$	TiO$_2$	V$_2$O$_5$	SiO$_2$	Al$_2$O$_3$	CaO	MgO	S	Sc$_2$O$_3$	P
含量	30.72	34.78	5.27	47.82	0.066	3.33	1.16	1.18	5.75	0.104	0.0054	0.0053

钛精矿的矿物组成见表 3-5。

表 3-5　钛精矿的矿物组成

类别	金属矿物		非金属矿物
	氧化物	硫化物	
主要	钛磁铁矿、钛铁矿	磁黄铁矿、黄铁矿	中-拉长石、橄榄石、普通辉石
次要	磁铁矿、磁赤铁矿、褐铁矿	黄铜矿、镍黄铁矿	黑云母、普通角闪石、蛇纹石、绿泥石、伊丁石、异剥辉石
少量	金红石、白钛石、赤铁矿、钙钛矿	方黄铜矿、紫硫镍矿、蓝辉铜矿、马基诺矿、斑铜矿、墨铜矿	绢云母、透闪石、黝帘石、石英、锆石、绿帘石、钠长石、榍石、方解石、磷灰石、尖晶石

钛精矿样品中主要矿物的工艺特征分述如下：

（1）钛铁矿。在这里是指与钛磁铁矿密切共生的粒状钛铁矿。在选铁工艺中进入磁选尾矿，是回收钛精矿的物料。钛铁矿为稳定型矿物，但在岩浆晚期或岩浆期后受热液蚀变时，被金红石、锐钛矿、钙钛矿、榍石、白钛石从钛铁矿边缘和裂隙轻微交代。

在钛精矿中，钛铁矿是最主要的矿物，其含量为 93%，粒度集中在 0.074 ~ 0.043mm，多数为单体产出，偶见与钛磁铁矿和脉石连生，单体解离度为 94.8%。

（2）钛磁铁矿。钛磁铁矿是主要含铁的工业矿物，在钒钛磁铁矿中主要发育两种产出形状：一是呈他形晶粒状以单体和集合体形式与粒状钛铁矿密切共生，充填于早结晶的脉石矿物间隙中，粒度较粗，接触界线平坦，易于解离，是钒铁精矿的主要回收对象；二是粒度细、含量少、呈自形至半自形晶粒状包含于脉石矿物中的钛磁铁矿，与脉石不易解离。

在钛精矿中钛磁铁矿的含量仅为 1.5%，粒度细小，多数为单体产出，部分与钛铁矿呈连体产出，较难进一步分离去除。

（3）硫化物。钛精矿中的硫化物含量甚微，仅为0.06%，主要是磁黄铁矿，其次为黄铜矿、黄铁矿、镍黄铁矿等，其他矿物含量极少。

（4）脉石矿物。脉石矿物主要由斜长石、橄榄石、辉石（普通辉石、透辉石、异剥辉石）组成，其在钛精矿中多以单体产出，颗粒细小。

3.1.4 钒钛磁铁矿直接还原特点

3.1.4.1 直接还原工艺特点

攀西地区是国内钛资源最丰富、最集中的地区，已探明的储量以 TiO_2 计达19.8亿吨，占全国钛资源的91%以上。几十年来，攀西钒钛磁铁矿主要以传统的高炉－转炉流程回收铁、钒，钛进入高炉渣而基本无回收，造成钛资源的极大浪费。作为传统工艺的补充，直接还原工艺以其环保、原料广泛的特点受到了市场的青睐。按还原剂不同，直接还原工艺分为煤基直接还原和气基直接还原。攀枝花地区具有丰富的煤炭资源，煤基直接还原工艺处理钒钛磁铁矿已得到了广泛的应用；气基直接还原方式生产直接还原铁在国外一直占有较大的市场份额，对于攀枝花来说，随着2013年的缅气入攀，该工艺必将得到大量的运用和发展。

钒钛磁铁矿直接还原的主要工艺特点如下：

（1）从工艺角度来看，该技术工艺流程短、设备简单，投资成本低，效益明显。

（2）对铁矿石原料性能要求不高，还原剂的选择十分灵活。

（3）对于煤基直接还原工艺来讲，以煤代焦，可以省去高炉流程的炼焦与烧结工序，缩短工艺流程，环境污染小。

（4）该工艺适合复杂矿的冶炼，也可实现冶金灰尘及各种工业废渣的回收利用。

（5）可全部回收铁精矿中钛资源。经还原后的金属化球团经过电弧炉熔化分离后，可得到含量为50%以上的熔分钛渣和含钒生铁，实现铁钒与钛的分离。熔分钛渣可用于硫酸法钛白生产原料，实现了铁精矿中钛资源回收利用的目的。

（6）还原温度高、还原时间短，还原的金属化率高，反应快，生产效率高，与矿热电炉熔炼容易实现同步热装，能耗低。

（7）还原尾气可集中回收，经处理后再利用，对环境影响小。至少比高炉少排放20%的 CO_2、97%的 NO_x 和90%的 SO_2。

3.1.4.2 钒钛磁铁矿还原过程的复杂性

普通铁矿石中铁氧化物的矿物成分主要是 Fe_2O_3 和 Fe_3O_4，而钒钛磁铁矿中铁氧化物的矿物组成要复杂得多。因此，钒钛磁铁矿的还原是多途径、多组分共同参与的还原。除了有磁铁矿还原外，还有钛铁晶石、钛铁矿及相关类质同象固溶体的还原，且后三者的还原均比磁铁矿的还原难以进行得多。

（1）含 Ti 的铁氧化物较难还原。钛磁铁矿矿物中的铁处于还原难易程度不同的状态中，与磁铁矿相比，钛铁晶石、钛铁矿等含 Ti 的铁氧化物较难还原。根据 Ti 与 Fe 的结合的形式不同，含 Ti 的铁氧化物还原的难易程度又有很大差异，这部分铁占全铁的比率对球团还原的金属化率影响较大。

根据表 3-3 所示，红格钒钛铁精矿中铁的物质的量为：n_{Fe} = 59.20 ÷ 55.85 = 1.06mol，与钛结合的铁量计算如下：

TiO_2 占的比例为：n_{TiO_2} = 10.98 ÷ 79.87 = 0.137mol（TiO_2 的分子量为 79.87）。根据峨眉综合所对红格矿的物相鉴定，红格矿中钛主要以钛铁矿（$FeO \cdot TiO_2$）为主，则 FeO 中的铁量为 0.137mol，与钛结合的铁量占总铁量比率为 0.137 ÷ 1.06 = 12.92%；如果钛主要以钛铁晶石（$2FeO \cdot TiO_2$）为主，则 FeO 中的铁量为 2 × 0.137 = 0.274mol，与钛结合的铁量占总铁量比率为 2 × 12.92% = 25.84%，是难还原的，而有 74% 左右的铁是容易还原的。

根据某研究所的研究数据，攀枝花矿区和太和矿区铁精矿中钛磁铁矿矿物组成为：全铁 n_{Fe} = 1.0199mol，钛铁晶石（$2FeO \cdot TiO_2$）中铁 $n_{2FeO \cdot TiO_2}$ = 0.3294mol，钛铁矿（$FeO \cdot TiO_2$）中铁 $n_{FeO \cdot TiO_2}$ = 0.0105mol，因此，与 TiO_2 结合的铁占全铁的百分数为：（0.3294 + 0.0105）÷ 1.0199 = 33.32%。也就是说，铁精矿中大约有 33% 的铁是和钛结合的，且较难还原，容易还原的铁只占 66% 左右。

（2）钛磁铁矿、钛铁晶石、钛铁矿中固溶有 MgO，增加了铁氧化物的还原难度。从钛磁铁矿、钛铁晶石或钛铁矿里被 MgO 取代（置换）出来的 FeO 还原很容易，这样与钛结合的难还原的铁就变成了易还原的铁。

以红格钒钛铁精矿为例来探究 MgO 分布的数量特征，与 Al_2O_3 结合的 MgO 数量可通过计算所得：Al_2O_3 含量为 2.59%，相当于 2.59 ÷ 102（102 为 Al_2O_3 分子量）= 0.02539mol，与其结合的 MgO 相当于 0.02539 × (24.31 + 16) = 1.023%，占总 MgO 量为 1.023 ÷ 2.32 = 44.12%，因此有 55.88% 的 MgO 是与钛磁铁矿、钛铁晶石和钛铁矿结合的（与 FeO 共溶的）。

以上的分析说明，红格钒钛铁精矿是 Fe_3O_4 - Fe_2TiO_4 - $MgO \cdot Al_2O_3$ - $FeO \cdot TiO_2$ 密切共生的复合矿物。其化学结构特点是铁分别赋存在较易还原的 Fe_3O_4 及较难还原的 $2FeO \cdot TiO_2$ 及 $FeO \cdot TiO_2$ 中，而且 MgO 取代了部分 FeO，大大加剧了还原的困难程度。在铁精矿还原过程中，这些特点都将表现在还原条件（温度和还原气氛）对所能达到的金属化率的影响上。

3.2 铁氧化物的还原

3.2.1 主要含铁矿物的还原历程

当前，关于钒钛磁铁矿的还原历程已经有很多研究，并取得了可喜的成果。通过岩相观察可以研究钒钛铁精矿还原相变的过程，找出其还原的历程。

据有关资料显示，对攀西某地钒钛铁精矿和在 1350℃ 下用转底炉直接还原的钒钛铁精矿内配碳球团岩相鉴定结果表明，钒钛铁精矿粉的主要物相是磁铁矿（Fe_3O_4）和钛磁铁矿（$Fe_{0.23}(Fe_{1.95}Ti_{0.42})O_4$，$Fe_2O_3 \cdot FeTiO_3$），其次是钛铁矿（$FeTiO_3$）。经过 3min 还原后的球团中出现 FeO，还原到 5min 时出现了单质铁和新相 $Fe_{2.75}Ti_{0.25}O_4$。还原时间达到 7min 时，还原球团中出现了 Fe_5TiO_8 和钛铁晶石（Fe_2TiO_4）两新相。当还原进行到

10min 时，$Fe_{0.23}(Fe_{1.95}Ti_{0.42})O_4$ 相消失。钛铁晶石（Fe_2TiO_4）在还原 15min 后消失。还原进行到 20min 时，$Fe_{2.75}Ti_{0.25}O_4$ 相和 Fe_5TiO_8 相消失，出现了含铁黑钛石（Fe，Mg）Ti_2O_5。还原 25min 后，还原球团中物相组成为单质铁（Fe）、含铁黑钛石（Fe，Mg）Ti_2O_5 和钛铁矿（$FeTiO_3$）。球团还原 30min 后除钛铁矿的衍射峰强度更弱外，其组成与还原 25min 后相同。表 3-6 表示了在不同还原时间下产物的物相组成演变历程。

表 3-6 不同还原时间下产物的物相组成

还原时间/min	物 相 组 成
0	Fe_3O_4、$Fe_{0.23}(Fe_{1.95}Ti_{0.42})O_4$、$Fe_2O_3 \cdot FeTiO_3$、$FeTiO_3$
3	Fe_3O_4、FeO、$Fe_{0.23}(Fe_{1.95}Ti_{0.42})O_4$、$FeTiO_3$
5	Fe、Fe_3O_4、FeO、$Fe_{0.23}(Fe_{1.95}Ti_{0.42})O_4$、$Fe_{2.75}Ti_{0.25}O_4$、$FeTiO_3$
7	Fe、Fe_3O_4、FeO、$Fe_{0.23}(Fe_{1.95}Ti_{0.42})O_4$、$Fe_{2.75}Ti_{0.25}O_4$、$Fe_5TiO_8$、$Fe_2TiO_4$、$FeTiO_3$
10	Fe、Fe_3O_4、$Fe_{2.75}Ti_{0.25}O_4$、Fe_5TiO_8、Fe_2TiO_4、$FeTiO_3$
15	Fe、Fe_3O_4、$Fe_{2.75}Ti_{0.25}O_4$、Fe_5TiO_8、$FeTiO_3$
20	Fe、FeO、(Fe，Mg)Ti_2O_5、$FeTiO_3$
25	Fe、(Fe，Mg)Ti_2O_5、$FeTiO_3$
30	Fe、(Fe，Mg)Ti_2O_5、$FeTiO_3$

根据岩相观察结果，结合热力学计算，可得出钒钛磁铁矿直接还原过程中所发生的还原反应，其过程如表 3-7 所示。

表 3-7 钒钛磁铁矿的直接还原反应

序号	化 学 反 应	说 明
1	$3Fe_2O_3 + CO \longrightarrow 2Fe_3O_4 + CO_2$	赤铁矿先被还原成磁铁矿
2	$Fe_3O_4 + CO \longrightarrow 3FeO + CO_2$	磁铁矿被还原成浮氏体
3	$xFeO + yCO \longrightarrow xFe + yCO_2$	部分浮氏体还原成金属铁
	$xFeO + (x-y)FeO \cdot TiO_2 \longrightarrow (x-y)Fe_2TiO_4$	部分浮氏体与连晶钛铁矿结合成钛铁晶石
4	$(mFe, nMg)TiO_4 + qCO \longrightarrow [(m-q)Fe, nMg]_2TiO_4 + qFe + 1/2qTiO_2 + qCO_2$	含 MgO 的钛铁晶石中部分铁被还原，N_{MgO} 增大，生成富镁钛铁晶石，并析出部分 TiO_2
5	$[(m-q)Fe, nMg]_2TiO_4 + q'CO + qTiO_2 \longrightarrow (1+q)[\{m-q-q'\}Fe, Mg]TiO_3 + q'Fe + CO_2$	富镁钛铁晶石中 FeO 继续被还原，当 $(m-q-q') + n = 1+q$ 时，转变成含镁钛铁矿
6	$[\{m-q-q'\}Fe, Mg] \cdot TiO_3 + q''CO \longrightarrow 1/2[(M-q-q'-q'')Fe, nMg]Ti_2O_5 + q''Fe + q''CO_2$	含镁钛铁矿中 FeO 继续被还原，当 $(m-q-q'-q'') + n = 0.5$ 时，转变成钢铁的黑钛石

由表 3-6 和表 3-7 可以看出，钒钛磁铁矿的还原反应主要有以下特点：

（1）钛磁铁矿矿物在还原过程中，亚铁存在不同的状态：FeO（浮氏体）、$2FeO \cdot TiO_2$、$FeO \cdot TiO_2$，并有 MgO 固溶于钛铁晶石和钛铁矿中。就红格矿而言，由于以钛铁矿为主，其中 FeO 中的铁约占全铁的 87.08%。

（2）在还原过程中，在有磁铁矿存在的条件下，$FeO \cdot TiO_2$ 会与一部分 FeO 生成 $2FeO \cdot TiO_2$。这是一个动力学现象，而它正反映了钒钛磁铁矿中钛磁铁矿矿物成分与结构的特点。由于 Fe_3O_4 还原速度快：

$$Fe_3O_4 + CO \longrightarrow 3FeO + 2CO_2 \tag{3-2}$$

生成的部分 FeO 继续还原：

$$FeO + CO \longrightarrow Fe + CO_2 \tag{3-3}$$

而生成的金属铁又是尚存的 Fe_3O_4 的还原剂：

$$Fe_3O_4 + Fe \longrightarrow 4FeO \tag{3-4}$$

反应（3-2）消耗的 FeO 远不及表 3-7 中反应 1 和 2 产生的 FeO 量，在此情况下 FeO 与 $FeO \cdot TiO_2$ 反应：

$$FeO + FeO \cdot TiO_2 \longrightarrow 2FeO \cdot TiO_2 \tag{3-5}$$

矿物颗粒中 $FeO \cdot TiO_2$ 与 Fe_3O_4 紧密共生，为钛铁矿的钛铁晶石化提供了空间上的有利条件。

（3）钒钛磁铁矿中的钛铁晶石实际上总溶有 MgO。溶镁的钛铁晶石（$(Fe, Mg)_2TiO_4$）在还原过程中，由于 FeO 的不断减少，MgO 相对含量不断提高，逐渐转变为富镁的钛铁晶石。

（4）富镁的钛铁晶石中 FeO 继续被还原，就逐渐变成含镁的钛铁矿。也就是说，在 FeO 过剩时，钛铁矿转变成钛铁晶石，而在 TiO_2 过剩时，钛铁晶石转变成钛铁矿。

（5）含镁的钛铁矿中 FeO 继续被还原，就逐渐转变成黑钛石，其化学式为 $(Fe, Mg) Ti_2O_5$。

MgO 在 FeO 中的固溶体与 TiO_2 结合就生成了富镁钛铁晶石或含镁钛铁矿（由 $nFeO + MgO$ 与 TiO_2 比例而定），而 FeO 在 MgO 中的固溶体与 TiO_2 结合，则生成含铁的黑钛石。

3.2.2　各种含铁矿物还原时所允许的最大 CO_2/CO 值

引起铁矿石还原难易程度差异的原因主要有两个方面：一是由矿石的物理状态（致密性、多孔等）造成的，二是由矿物的化学组成特点而造成的。前者可以用预处理的方法，如用氧化焙烧来改善原料的还原性能，后者则需要用不同的添加剂来改善还原性能。

一般情况下，采用还原温度来判断矿物的还原难易程度，但这种判断只有单变体系，如用固体碳还原有固定组成的矿物体系才是正确的，而钒钛磁铁矿是由多种复杂的矿物组成的，还原过程的相变也是非常复杂的体系，因此是双变体系，除了指定温度外，还要指定还原的气氛，即气相组成，才能确定体系的状态。在这种情况下，铁氧化物还原难易应以一定温度下所允许的最大 CO_2/CO 值来判断。

由于"自由的"FeO、含镁的钛铁晶石、含镁的钛铁矿及含铁的黑钛石总亚铁的还原难度依次增大，所以钒钛磁铁矿球团还原金属化率的阶段性，必然反映为要求还原气体还原能力的突变性。球团金属化率与还原气体成分的关系可计算如下：

（1）球团金属化率在 0~64.38% 之间时为"自由的"氧化亚铁的还原反应：

$$FeO + CO \Longrightarrow Fe + CO_2 \quad \Delta G_1^{\ominus} = -4650 + 5.0T \tag{3-6}$$

$$\lg \frac{CO_2}{CO} = \frac{1016.3}{T} - 1.093 \tag{3-7}$$

（2）球团金属化率在 64.33% ~ 83.31% 之间时为含镁的黑钛石还原为含镁的钛铁矿的反应。在做这个反应的热力学计算时，须作如下假定：把（Fe，Mg）O 看成是 MgO 在 FeO 中的理想固溶体。这个固溶体与 TiO_2 结合成钛铁晶石和钛铁矿时自由能的变化与纯 FeO 和 TiO_2 结合成相应化合物时相同。这样假定条件下的热力学计算当然是近似的，但根据以下两点，这种近似是接近实际的：1）FeO 和 MgO 都是 NaCl 型立方晶体。前者点阵常数 0.4299nm。后者 0.4213nm，而且 FeO-MgO 确实是形成无限互溶的固溶体；2）$2FeO \cdot TiO_2$ 与 $2MgO \cdot TiO_2$、$FeO \cdot TiO_2$ 与 $MgO \cdot TiO_2$ 由各个氧化物生成相应的化合物时，它们的生成自由能数值是很接近的（在实验误差范围内）。

这样，我们可以把含镁的钛铁晶石还原为含镁的钛铁矿的反应看成（在做热力学计算时，而不是指反应历程）是：

1）含镁的钛铁晶石分解为（FeO，MgO）固溶体；

2）（FeO，MgO）固溶体分解出其中部分的 FeO；

3）分解出 FeO 被 CO 所还原；

4）较贫铁而富镁的（FeO，MgO）与 TiO_2 结合生成含镁的钛铁矿。

上述各步骤的自由能变化可表示如下：

$$2(FeO,MgO) \cdot TiO_2 = 2(FeO,MgO) + TiO_2 \qquad \Delta G_a^\ominus = 8100 - 1.4T$$

$$2(FeO,MgO) = 2(FeO - 2MgO) + FeO \qquad \Delta G_{FeO}^\ominus = -RT\ln N_{FeO}$$

$$(FeO - 2MgO) + TiO_2 = 2(FeO - MgO) \cdot TiO_2 \qquad \Delta G_b^\ominus = -8000 + 2.9T$$

$$+) \qquad FeO + CO = Fe + CO_2 \qquad \Delta G_1^\ominus = -4650 + 5.0T$$

$$2(FeO,MgO) \cdot TiO_2 + CO = 2(FeO - MgO) \cdot TiO_2 + Fe + CO_2$$

$$\Delta G_2^\ominus = \Delta G_a^\ominus + \Delta G_{FeO}^\ominus + \Delta G_b^\ominus + \Delta G_1^\ominus$$

$$= -4550 + 6.5T - RT\ln N_{FeO} \qquad (3-8)$$

根据范特霍夫公式，则有：

$$\lg \frac{CO_2}{CO} = \frac{994.2}{T} - 1.420 + \lg N_{FeO} \qquad (3-9)$$

式中，N_{FeO} 为含镁的钛铁晶石中 FeO 的分子分数，变化范围为 0.94 ~ 0.88。

（3）球团金属化率变化在 83.31% ~ 92.82% 范围内时，是含镁的钛铁矿还原为含铁的黑钛石的反应。按照前述同样的假定及计算方法，反应的自由能变化可表示如下：

$$(FeO - 2MgO) \cdot TiO_2 + CO = (FeO - 4MgO) \cdot 2TiO_2 + Fe + CO_2$$

$$\Delta G_3^\ominus = 3350 + 2.1T - RT\ln N_{FeO} \qquad (3-10)$$

其中，N_{FeO} 为含镁的钛铁矿中 FeO 的分子分数，变化范围为 0.88 ~ 0.75。

（4）球团金属化率超过 92.82% 时为含铁的黑钛石的还原反应可以表示如下：

$$\frac{1}{y}[yFe,(1-y)Mg]O \cdot \frac{2}{y}TiO_2 + CO = \frac{1-y}{y}(MgO \cdot 2TiO_2) + Fe + 2TiO_2 + CO_2 \qquad (3-11)$$

这个反应可分为如下各反应：

$$\frac{1}{y}[yFe,(1-y)Mg]O \cdot \frac{2}{y}TiO_2 = \frac{1}{y}[yFe,(1-y)Mg]O + \frac{2}{y}TiO_2$$

$$\frac{1}{y}\left[y\mathrm{Fe},(1-y)\,\mathrm{Mg}\right]\mathrm{O} = \mathrm{FeO} + \frac{1-y}{y}\mathrm{MgO}$$

$$\mathrm{FeO} + \mathrm{CO} = \mathrm{Fe} + \mathrm{CO}_2$$

$$+)\qquad \frac{1-y}{y}\mathrm{MgO} + \left(\frac{1-y}{y}\right)\cdot 2\mathrm{TiO}_2 = \frac{1-y}{y}(\mathrm{MgO}\cdot 2\mathrm{TiO}_2)$$

$$\frac{1}{y}\left[y\mathrm{Fe},(1-y)\,\mathrm{Mg}\right]\mathrm{O}\cdot\frac{2}{y}\mathrm{TiO}_2 + \mathrm{CO} = \frac{1-y}{y}(\mathrm{MgO}\cdot 2\mathrm{TiO}_2) + \mathrm{Fe} + 2\mathrm{TiO}_2 + \mathrm{CO}_2$$

$$\Delta G_4^\ominus = \frac{1}{y}\left(-\Delta G_{\mathrm{MgO}\cdot 2\mathrm{TiO}_2}^\ominus\right) - \frac{1}{y}RT\ln y + \Delta G_1^\ominus + \frac{1-y}{y}\Delta G_{\mathrm{MgO}\cdot 2\mathrm{TiO}_2}^\ominus$$

$$= -\frac{1}{y}RT\ln y + \Delta G_1^\ominus - \Delta G_{\mathrm{MgO}\cdot 2\mathrm{TiO}_2}^\ominus \qquad (3\text{-}12)$$

其中，
$$\Delta G_{\mathrm{MgO}\cdot 2\mathrm{TiO}_2}^\ominus = -6600 + 0.15T$$
$$\Delta G_1^\ominus = -4650 + 5.0T$$

故而
$$\Delta G_4^\ominus = 1950 + 4.85T - \frac{1}{y}RT\ln y \qquad (3\text{-}13)$$

式中，$y = N_{\mathrm{FeO}}$，N_{FeO} 为含铁的黑钛石中 FeO 的分子分数，变化范围为 0.75 ~ 0。

$$\lg\frac{\mathrm{CO}_2}{\mathrm{CO}} = -\frac{426.2}{T} - 1.066 + \frac{1}{y}\lg y \qquad (3\text{-}14)$$

现在可以根据上述计算公式 $\left[\lg\dfrac{\mathrm{CO}_2}{\mathrm{CO}} = f\,(T,\,N_{\mathrm{FeO}})\right]$ 来作钒钛磁铁矿球团的还原特性图，即球团金属化率与所要求的还原气体中 $\mathrm{CO}_2/\mathrm{CO}$ 值的关系表，如表3-8所示。

表3-8 球团金属化率与所要求的平衡 $\mathrm{CO}_2/\mathrm{CO}$ 值

被还原的矿物相	球团金属化率	$\mathrm{CO}_2/\mathrm{CO}$ 值			
		1200K	1300K	1400K	1473K
"自由的" FeO	0 ~ 34.38	0.5670	0.4881	0.4300	0.3955
含镁钛铁晶石	64.38 ~ 83.31	0.2408 ~ 0.2254	0.2480 ~ 0.1930	0.1832 ~ 0.1714	0.1691 ~ 0.1583
含镁钛铁矿	83.31 ~ 92.82	0.0768 ~ 0.0655	0.0839 ~ 0.0714	0.0918 ~ 0.0782	0.0996 ~ 0.0830
含铁黑钛石	92.82 ~ 100	0.0258 ~ 0	0.0276 ~ 0	0.02904 ~ 0	0.0301 ~ 0

将表3-8的数据作成图3-1及图3-2。

图3-1清楚地表现出钒钛磁铁矿球团中各含铁矿物还原的阶段性，即球团金属化率的阶段性与所要求的还原气体的 $\mathrm{CO}_2/\mathrm{CO}$ 值之间的关系。由图可知，达到64%的金属化率是轻而易举的，但欲超过的64%金属化率时，则要求气体的质量（以 $\mathrm{CO}_2/\mathrm{CO}$ 值表示）有一个飞跃。而且每当一个含铁矿物还原完了，另一个含铁矿物开始还原时，都要求气体的质量有一个飞跃。对于含镁钛铁晶石、含镁钛铁矿及含铁的黑钛石的还原过程，其相应的 $\mathrm{CO}_2/\mathrm{CO}$ 是渐变的，反映出这三个含铁矿物中的含铁量有渐变的性质。金属化率越高，渐变线段的斜率越大，表明在金属化率高的情况下，每提高的1%的金属化率所要求还原气体的质量（以 $\mathrm{CO}_2/\mathrm{CO}$ 表示）提高更多。图3-2表明在不同温度下，各含铁矿还原的顺

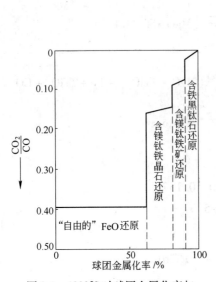

图 3-1　1200℃时球团金属化率与
平衡 CO_2/CO 值的关系

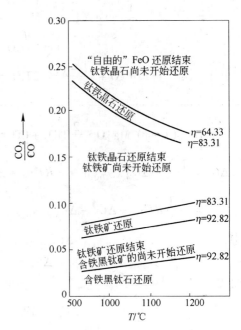

图 3-2　球团中各铁矿物还原时所要求的
CO_2/CO 和能达到的金属化率

序及每个含铁矿物开始还原和还原结束所要求的 CO_2/CO 值。

3.3　钒、铬氧化物的还原

3.3.1　钒氧化物的还原

在钛磁铁矿精矿中，钒和铬都是以三价离子的氧化物状态取代了磁铁矿中三价铁离子以 $(Fe，V，Cr)_2O_3 \cdot FeO$ 为主要存在形式，固溶于磁铁矿中。在用碳还原过程中，随着铁氧化物的还原，钒和铬氧化物也将被逐级还原。可以进行热力学计算，计算所需的有关基础热力学数据见表 3-9。

表 3-9　钒氧化物还原计算用基础热力学数据

编号	反应式	$\Delta G^{\ominus}/J \cdot mol^{-1}$
1	$2V + C \longrightarrow V_2C$	$-146400 + 3.25T$
2	$V + C \longrightarrow VC$	$-102100 + 9.58T$
3	$2V + 1.5O_2 \longrightarrow V_2O_3$	$-1202900 + 237.53T$
4	$V + 0.5O_2 \longrightarrow VO$	$-424700 + 80.04T$
5	$C + 0.5O_2 \longrightarrow CO$	$-114400 - 85.77T$

（1）生成 VO

$$V_2O_3 + C = 2VO + CO \qquad \Delta G_1^{\ominus} = 239100 - 163.22T_1 \qquad (3-15)$$

（2）生成 VC

$$V_2O_3 + 5C = 2VC + 3CO \qquad \Delta G_2^{\ominus} = 665500 - 475.68T_2 \qquad (3-16)$$

（3）生成 V_2C

$$V_2O_3 + 4C \Longrightarrow V_2C + 3CO \qquad \Delta G_3^{\ominus} = 713300 - 490.49T_3 \qquad (3-17)$$

（4）生成金属钒

$$V_2O_3 + 3C \Longrightarrow 2V + 3CO \qquad \Delta G_4^{\ominus} = 859700 - 494.84T_4 \qquad (3-18)$$

通过上述热力学数据，可计算出上述各式的标准开始反应温度：

$$T_1^{\ominus} = 1464.89K = 1192℃$$
$$T_2^{\ominus} = 1399.04K = 1126℃$$
$$T_3^{\ominus} = 1454.26K = 1181℃$$
$$T_4^{\ominus} = 1737.32K = 1464℃$$

在还原温度为1350℃（1623K）的条件下，可以计算出上述反应的标准生成自由能：

$$\Delta G_1^{\ominus} = 1.085J/mol$$
$$\Delta G_2^{\ominus} = 0.86J/mol$$
$$\Delta G_3^{\ominus} = 0.89J/mol$$
$$\Delta G_4^{\ominus} = 1.07J/mol$$

从上述热力学计算结果可以得出钒氧化物还原难易程度（从易到难）：

$$VC > V_2C > VO > V$$

因此，可以认为在直接还原温度条件下，首先生成碳化钒，再生成 V_2C，而金属钒和 VO 是难以生成的，这样就为下一步处理金属化球团提供了重要参考：钒在金属化球团中有一部分可能以碳化钒形式存在，而不是金属钒，采用熔化分离工艺可实现钒、钛与铁的分离。

3.3.2 铬氧化物的还原

用同样的方法可以计算出铬氧化物的还原，计算所需的有关基础热力学数据见表3-10。

表3-10 铬氧化物还原计算用基础热力学数据

编 号	反 应 式	$\Delta G^{\ominus}$
1	$4Cr + C \longrightarrow Cr_4C$	$-96200 - 11.7T$
2	$3Cr + 2C \longrightarrow Cr_3C_2$	$-791000 - 17.7T$
3	$23Cr + 6C \longrightarrow Cr_{23}C_6$	$-3096000 - 77.4T$
4	$7Cr + 3C \longrightarrow Cr_7C_3$	$-153600 - 37.2T$
5	$C + 0.5O_2 \longrightarrow CO$	$-114400 - 85.77T$
6	$2Cr + 1.5O_2 \longrightarrow Cr_2O_3$	$-1110140 + 247.32T$

从表3-10的数据分析说明，几种碳化铬的生成自由能均为负值，不用计算就可以判断在还原条件下生成碳化铬比金属铬要容易得多，金属铬是不会生成的。

铬90%富存在钛磁铁矿中，三价铬离子置换了三价铁离子，呈类质同象存在。因此在选出铁精矿的同时，铬也与钒钛铁同时回收，特别是铬与钒在冶炼过程中走向是一致的，一起进入铁水中，在吹炼钒渣的同时，大部分铬也进入钒渣，因此在用钒渣生产五氧化二钒的同时，也可以得到三氧化二铬产品。

在生产铬铁的还原过程中，铬是从 Cr_2O_3 中还原出来的。Cr_2O_3 的碳热还原按下式进行：

$$(Cr_2O_3) + 3C == 2[Cr] + 3CO$$
$$\Delta G_T^\ominus = 187650 - 124.95T \tag{3-19}$$
$$\Delta G_{1773}^\ominus = 0$$

生成碳化铬的反应式为：

$$(Cr_2O_3) + 13/3C == 2/3[Cr_3C_2] + 3CO$$
$$\Delta G_T^\ominus = 174450 - 122.27T \tag{3-20}$$
$$\Delta G_{1703}^\ominus = 0$$

铬铁矿石中铬氧化物以尖晶石形式存在时，还原反应式为：

$$(MgO \cdot Cr_2O_3) + 3C == 2[Cr] + (MgO) + 3CO$$
$$\Delta G_T^\ominus = 192650 - 124.300T \tag{3-21}$$
$$\Delta G_{1823}^\ominus = 0$$

在大多数情况下，铬铁矿石中的主要成分是 $FeO \cdot Cr_2O_3$，还原反应下式进行：

$$3(FeO \cdot Cr_2O_3) + 3C == 3[Fe] + (Cr_2O_3) + 3CO$$
$$\Delta G_T^\ominus = 117300 - 99.15T \tag{3-22}$$
$$\Delta G_{1353}^\ominus = 0$$

当有铁存在时，对纯三氧化二铬的还原有利，因为形成合金可以降低铬的活度：

$$2[Fe] + (Cr_2O_3) + 3C == 2[Cr-Fe] + 3CO \tag{3-23}$$

由于含钒铬生铁水中的 FeO 含量高，在还原炉中同时还原氧化铬和氧化铁是比较容易的，但是，Cr_2O_3 对炉渣起稠化作用，还需要采取一些特别的措施。

3.4　钛氧化物的还原

3.4.1　非高炉冶炼法处理钒钛磁铁矿回收利用钛的原则流程

钒钛磁铁矿中的钛主要以氧化物（TiO_2）的形式存在于钛铁晶石（$2FeO \cdot TiO_2$）和钛铁矿（$FeO \cdot TiO_2$）中。钒钛磁铁矿经选矿得到含钛高的铁精矿和钛精矿。

钛提取冶金的主要产品有钛白、海绵钛、钛铁合金、金属钛粉。作为商品进入市场的还有人造金红石、四氯化钛和钛渣。由于天然金红石的储量和产量有限，因此世界各国在工业生产中，主要采用钛精矿作为生产钛化合物和金属钛的原料。可以用火法或湿法处理等多种方法除去钛铁矿中的铁，得到各种不同形态的富钛物料（简称富钛料），其中金红石型 TiO_2 质量分数达90%以上的富钛料称之为人造金红石。

目前国外生产钛渣大多采用大型密闭电炉冶炼技术或半密闭电炉技术等非高炉冶炼法处理钛精矿，这主要是利用钛精矿氧化铁含量高的特点，采用电炉技术，高温还原技术，将氧化铁还原成熔融铁，得到 TiO_2 被富集了的钛渣。用非高炉冶炼法处理钒钛磁铁矿回收利用钛的原则流程如图3-3所示。

首先要将钛精矿进行还原熔炼。还原熔炼的任务是：在电炉内，用碳使钛铁矿选择性还原出铁，经造渣熔炼后，得到 TiO_2 被富集了的钛渣，同时获得副产品含磷低的生铁。

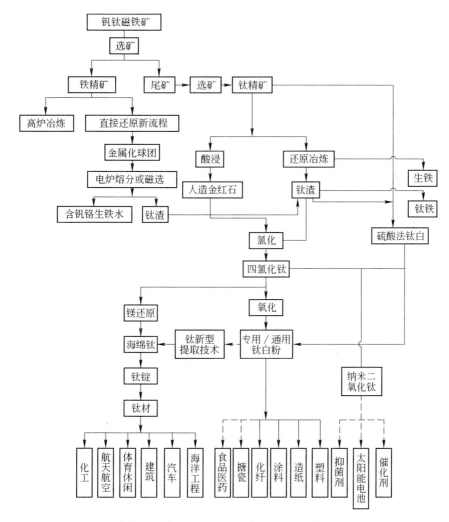

图 3-3   用非高炉冶炼法处理钒钛磁铁矿回收利用钛的原则流程

经过熔炼所得到的钛渣，其中 TiO_2 的质量分数为 $85\% \sim 95\%$ ，配碳进行氯化，得到粗四氯化钛，用化学法和精馏法净化除去 $VOCl_3$ ，$SiCl_4$ 、$AlCl_3$ 、$FeCl_3$ 等杂质，得到纯净的可供生产金属钛或钛白的精 $TiCl_4$ 。用金属镁（或钠）还原精四氯化钛，得到以金属钛为主，且含有相当数量的 $MgCl_2$ （或 $NaCl$ ）和过剩还原剂镁的还原产物，还原产物经真空蒸馏除去 $MgCl_2$ 和镁，即得到海绵钛坨，经破碎、分选、检验、合批、包装后，即为商品海绵钛。钠还原所得的产物经破碎、含酸水洗溶去 $NaCl$ 和低价钛氯化物等，而得到海绵钛块。

在流程图中示出了用硫酸法分解钛铁矿或钛渣生产所谓"硫酸法钛白"以及纯 $TiCl_4$ 经氧化生产所谓"氯化氧化法钛白"的流程走向。图中同时也标出了从钛渣经磁选除铁，氧化焙烧生产人造金红石的原则走向。

3.4.2   钒钛铁精矿中钛的直接还原

各种钛铁矿精矿中主要伴生 FeO 和 Fe_2O_3 。由于钛和铁对氧的亲和力不同，它们的氧化物生成自由焓有较大的差异，因此经过选择性还原熔炼，可以分别获得生铁和钛渣。由于富钛渣的熔点高（大于 1723K），且黏度大，所以含钛量高的铁矿不宜在高炉中冶炼，可在电弧炉中还原熔炼。

用碳还原钛铁矿时，随着温度和配碳量的不同，整个体系的反应比较复杂，可能发生的反应较多。固体 C 还原 $FeTiO_3$，随温度和配碳量的不同，可能有如下的反应。

$$FeTiO_3 + C = Fe + TiO_2 + CO, \qquad \Delta G^{\ominus} = 190900 - 161T \qquad (3-24)$$

$$\frac{3}{4}FeTiO_3 + C = \frac{3}{4}Fe + \frac{1}{4}Ti_3O_5 + CO, \qquad \Delta G^{\ominus} = 209000 - 168T \qquad (3-25)$$

$$\frac{2}{3}FeTiO_3 + C = \frac{2}{3}Fe + \frac{1}{3}Ti_2O_3 + CO, \qquad \Delta G^{\ominus} = 213000 - 171T \qquad (3-26)$$

$$\frac{1}{2}FeTiO_3 + C = \frac{1}{2}Fe + \frac{1}{2}TiO + CO, \qquad \Delta G^{\ominus} = 252600 - 177T \qquad (3-27)$$

$$2FeTiO_3 + C = FeTi_2O_5 + Fe + CO, \qquad \Delta G^{\ominus} = 185000 - 155T \qquad (3-28)$$

$$\frac{1}{4}FeTiO_3 + C = \frac{1}{4}Fe + \frac{1}{4}TiC + CO, \qquad \Delta G^{\ominus} = 182500 - 127T \qquad (3-29)$$

$$\frac{1}{3}FeTiO_3 + C = \frac{1}{3}Fe + \frac{1}{3}Ti + CO, \qquad \Delta G^{\ominus} = 304600 - 173T \qquad (3-30)$$

钛铁矿中的三价铁氧化物可看作是游离 Fe_2O_3，其被还原的反应为

$$\frac{1}{3}Fe_2O_3 + C = \frac{2}{3}Fe + CO, \qquad \Delta G^{\ominus} = 164000 - 176T \qquad (3-31)$$

按上面给出的各反应的标准自由能变化与温度的关系，计算出在不同温度下的标准自由能变化值（$\Delta G^{\ominus}$）将其绘制成的 $\Delta G^{\ominus} - T$，如图 3-4 所示。

电炉还原熔炼钛铁矿的最高温度约达 2000K，由图 3-4 可见，在这样高的温度下，式（3-24）～式（3-31）反应的 $\Delta G^{\ominus}$ 均是负值，从热力学上说明这些反应均可进行，并随便着温度的升高，反应趋势均可增大。但以上各反应的开始温度（即 $\Delta G^{\ominus} = 0$ 时的相应温度）是不相同的，在同一温度下各反应进行的趋势大小也不一样，其反应顺序为：式（3-31）＞式（3-24）＞式（3-28）＞式（3-25）＞式（3-26）＞式（3-27）＞式

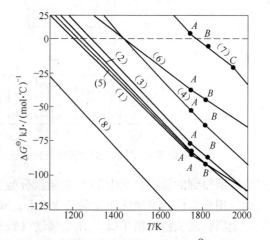

图 3-4　钛铁矿熔炼还原反应的 $\Delta G^{\ominus} - T$ 关系

A—$FeTiO_3$ 熔点 1743K；

B—Fe 熔点 1809K；C—Ti 熔点 1933K

注：图中（1）～（8）分别代表式（3-24）～式（3-31）

（3-29）＞式（3-30）。在低温（<1500K）的固相还原中，主要是矿中铁氧化物的还原，TiO_2 的还原量很少，即主要按式（3-31）、式（3-24）、式（3-28）进行还原反应生成金属铁和 TiO_2 或 $FeTi_2O_5$；在中温（1500～1800K）液相还原中，除了铁氧化物被还原外，还有相当数量的 TiO_2 被还原，即主要按式（3-25）～式（3-27）进行还原反应生成金属铁和低价钛氧化物；在高温（1800～2000K）下按式（3-29）和式（3-30）进行反应生成 TiC 和金属 Ti（溶于铁中）的量增加。

虽然反应式（3-24）～式（3-27）在高温下能够进行，但对 1mol $FeTiO_3$ 而言，所消耗的还原剂碳量不同，其化学计量配碳量按反应式（3-24）～式（3-27）的顺序为 $1 : 1\frac{1}{3} : 1\frac{1}{2} : 2$，若是控制一定配碳量，比如对 1mol C 而言，可还原 $FeTiO_3$ 的摩尔数按顺序则为 $1 : \frac{3}{4} : \frac{2}{3} : \frac{1}{2}$；因此，控制一定配碳量及在一定温度的条件下，反应主要按式（3-24）进行生成 Fe 和 TiO_2，而反应式（3-25）～式（3-27）只能是部分进行；在足够高的温度及过量还原剂存在的条件下，TiO_2 也能被还原为钛的低价氧化物及碳化物；在给定的温度压力下，当几个反应都可以进行时，配碳量就会影响到反应的最后结果，当控制配碳量时，反应即具有选择性。

当温度高于 $FeTiO_3$ 的熔点 1743K 时，还原反应在液相中进行。固体碳熔态钛铁矿可有如下反应：

$$\frac{2}{3}(FeO \cdot TiO_2) + C \Longrightarrow \frac{2}{3}Fe + \frac{1}{3}\left[Ti_2O_3\right]_{FeO \cdot TiO_2} + CO \quad \Delta G^{\ominus} = 121000 - 132.9T \quad (3-32)$$

$$2(FeO \cdot TiO_2) + C \Longrightarrow FeO \cdot TiO_2 + Fe + CO, \quad \Delta G^{\ominus} = 174000 - 157.2T \quad (3-33)$$

$$\frac{5}{6}(FeO \cdot TiO_2) + C \Longrightarrow \frac{5}{6}Fe + \frac{1}{6}Ti_5O_9 + CO, \quad \Delta G^{\ominus} = 177000 - 157.8T \quad (3-34)$$

$$\frac{2}{3}\left[FeO \cdot TiO_2\right]_{Ti_2O_3} + C \Longrightarrow \frac{2}{3}Fe + \frac{1}{3}Ti_2O_3 + CO \quad \Delta G^{\ominus} = 156000 - 142.1T \quad (3-35)$$

因为钛铁矿（$FeO \cdot TiO_2$）和 Ti_2O_3 都是三方晶系的刚玉型结构，还原过程不需要重建晶格而另外耗能，所以从热力学参数上看反应最易进行。还原 $\left[FeO \cdot TiO_2\right]_{Ti_2O_3}$ 中 FeO 则由于需要重建新晶格而比较困难。因此，由于晶格相似性因素的影响，$FeO \cdot TiO_2$ 还原的顺序如下：

$$FeO \cdot TiO_2 \Big< \begin{array}{l} \left[Ti_2O_3\right]_{FeO \cdot TiO_2} \longrightarrow \left[FeO \cdot TiO_2\right]_{Ti_2O_3} \longrightarrow Ti_2O_3 \longrightarrow TiO \\ \left[TiO_2\right]_{FeO \cdot 2TiO_2} \longrightarrow TiO_2 \longrightarrow Ti_5O_9 \longrightarrow Ti_2O_3 \longrightarrow TiO \end{array}$$

对上述反应的实验研究证明，在还原钛铁矿中铁氧化物的理论配碳量为 120% 以下，从 1000℃ 开始的固相还原阶段便在还原产物中发现有 Ti_2O_3 型固溶体 - 纤维钛石（塔基石，Tagirovite）。而且在液相还原时更是优先生成 Ti_2O_3 且反应激烈。在理论配碳量下，温度高于 1100℃ 时还原产物主要是 $FeO \cdot 2TiO_2$ 而未见有 Ti_2O_3，考虑到每个 $Fe \cdot 2TiO_2$ 分子能溶解达 10 个分子的 TiO_2，故钛铁矿的固体碳还原过程在 1100℃ 以上（尚处于固相）时，可表示为下列反应式：

$$12(FeO \cdot TiO_2) + 11C \Longrightarrow (FeO \cdot 2TiO_2) \cdot 10TiO_2 + 11Fe + 11CO$$

因而，在固相还原阶段就形成了 Ti_3O_5 型固溶体——黑钛石和少量 Ti_2O_3。在高温熔炼过程中，Ti_3O_5 和 Ti_2O_3 都能溶解 FeO 和 $FeTiO_3$，并且它们与 TiO_2 和 TiO 能形成固溶体。由于这个缘故，使炉渣冷凝后形成成分复杂的化合物。其中主要是在 Ti_3O_5 晶格基础上所生成的黑钛石。其组成为：

$$m\{(Mg,Fe,Ti)O \cdot 2TiO_2\} \cdot n\{(Al,Fe,Ti)_2O_3 \cdot TiO_2\}$$

在黑钛石组成中，钛以各种形态存在。除黑钛石、低价钛氧化物和 $FeTiO_3$ 在 Ti_2O_3 中形成的固溶体外，还有若干钛的碳、氮和氧等化合物的固溶体[即 $Ti(C,N,O)$]。它们在约 1600K 以上，有过量的碳存在就能产生。低价钛氧化物尤其是钛 – 氧 – 氮 – 碳固溶体的存在，会使炉渣的熔点升高，黏度增大。因而，电炉熔炼钛铁矿是否生成 Ti_2O_3 和 TiO 主要决定于配碳量。

3.5　锰、硅氧化物的还原

3.5.1　锰氧化物的分解及还原特点

锰的熔点为 1244℃，熔化热为 14.630kJ/mol；锰的沸点为 2150℃，蒸发热为 2.3×10^5 J/mol，液体的蒸气压在 1750℃时达到 10kPa。

锰与铁在液体状态时能相互无限溶解，但 Mn 和 Fe 不生成化合物。

锰有四种氧化物，其含氧量（重量）为：MnO 含氧 22.5%、Mn_3O_4 含氧 27.97%、Mn_2O_3 含氧 30.41%、MnO_2 含氧 36.81%。

氧化亚锰相的结构与氧化亚铁相类似，也是缺位式固溶体，氧在此固溶体中的最低含量是 23.09%，最高含量（950℃）是 25.5%。MnO 在 1778℃熔化，熔化热为 59kJ/mol。

锰氧化物分解反应仍然是按照巴依科夫的逐级转化原则进行的，在 Mn-O 体系中，锰的氧化分解反应如下：

$$4MnO_2 \Longrightarrow 2Mn_2O_3 + O_2, \qquad \Delta H^{\ominus}_{298} = 151kJ/mol \qquad (3-36)$$

$$6Mn_2O_3 \Longrightarrow 4Mn_3O_4 + O_2, \qquad \Delta H^{\ominus}_{298} = 210kJ/mol \qquad (3-37)$$

$$2Mn_3O_4 \Longrightarrow 6MnO + O_2, \qquad \Delta H^{\ominus}_{298} = 478kJ/mol \qquad (3-38)$$

$$2MnO_2 \Longrightarrow 2Mn + O_2, \qquad \Delta H^{\ominus}_{298} = 778kJ/mol \qquad (3-39)$$

锰氧化物还原顺序与铁相似，由高价还原到低价，各阶段中氧的损失是：

$$MnO_2 \xrightarrow{25\%} Mn_2O_3 \xrightarrow{8.5\%} Mn_3O_4 \xrightarrow{16.5\%} MnO \xrightarrow{50\%} Mn$$

锰的高级氧化物不如低级氧化物稳定，MnO_2 和 Mn_2O_3 加热过程中极易分解，它们的分解压力与温度的关系用下式表示

$$Mn_2O_3: \qquad \lg(p_{O_2}) = -\frac{7052}{T} + 5.14 \qquad (3-40)$$

$$MnO_2: \qquad \lg(p_{O_2}) = -\frac{4543}{T} + 5.52 \qquad (3-41)$$

由上式可计算出 MnO_2 在 733K 时分解压为 21kPa，在 823K 时分解压为 100kPa；Mn_2O_3 在 1213K 时分解压为 21kPa，在 1373K 时分解压为 100kPa。因此，它们都可以用热分解的办法转变为氧化程度低的氧化锰。

MnO 是各级氧化锰中最稳定的氧化物，其分解压力比 FeO 小得多，锰比铁对氧的亲和力大得多。MnO 与 FeO 生成自由能（$\Delta G^{\ominus}$）与温度（T）的关系列于表 3-11。

表 3-11　MnO 与 FeO 生成自由能（$\Delta G^{\ominus}$）与温度（T）的关系

T/K		1000	1400	1800
$\Delta G^{\ominus}$	MnO	−624253	−566179	−502708
	FeO	−399028	−341791	−289910

表 3-11 的数据表明，MnO 比 FeO 稳定得多。

按热力学计算分析，MnO 不能用 CO 间接还原出锰。MnO 的直接还原反应用下式表示：

$$MnO + CO = Mn + CO_2 - 121503 kJ/kmol \tag{3-42}$$

$$CO_2 + C_{焦} = 2CO - 165686 kJ/kmol \tag{3-43}$$

$$MnO + C_{焦} = Mn + CO - 287190 kJ/kmol \tag{3-44}$$

氧化物还原的难易，取决于元素同氧亲和力的大小，即取决于氧化物分解压力的大小。根据各种氧化物分解压力或其生成自由能的大小来选择适当的还原剂。

3.5.2 硅氧化物的还原

锰和硅一样，以高硅生铁和硅铁的各种合金形式在炼钢过程中作脱氧剂和合金剂使用，是炼钢生产中不可缺少的金属附加料，吨钢平均消耗硅铁每月 7kg（含硅 50% 的硅铁）。

根据氧化物标准生成自由能随温度变化的理查德图见图 3-5，Si 比 Mn 更难还原，SiO_2 成液态才能和赤热焦炭进行还原，在高炉冶炼过程中 Si 的还原程序取决于温度和炉渣碱度，当 CaO/SiO_2 较低，渣中自由 SiO_2 较多，Si 容易还原，反之则难还原，根据研究，Si 的还原情况如下：

$$SiO_2 + C = SiO_{气} + CO - Q \tag{3-45}$$

$$SiO + C = Si + CO - Q \tag{3-46}$$

硅氧化物的还原次序是先生成碳化硅和一氧化硅，这两种中间产物相互反应或同炉料反应生成 Si。

碳化硅生成反应：

$$SiO_2 + 3C = SiC + 2CO \tag{3-47}$$

$$\Delta G_T^{\ominus} = 148200 - 1.3T \cdot \lg T - 77.7T \quad (T < 1686K)$$

$$\Delta G_T^{\ominus} = 147200 - 2.73T \cdot \lg T - 72.5T \quad (T > 1686K)$$

1537℃时，$\Delta G^{\ominus} = 0$

不完全还原反应：

$$SiO_2 + C = SiO + CO \ （Si 损失） \tag{3-48}$$

$$\Delta G_T^{\ominus} = 165000 + 6.54T \cdot \lg T - 103.85T \quad (T < 1700K)$$

$$\Delta G_T^{\ominus} = 178000 + 6.45T \cdot \lg T - 111.05T \quad (T > 1700K)$$

1727℃时，$\Delta G_T^{\ominus} = 0$ （CO + SiO 为 0.1MPa）

SiO_2 和 SiC 的反应：

$$SiO_2 + 2SiC = 3Si + 2CO \tag{3-49}$$

$$\Delta G_T^{\ominus} = 190200 + 2.3T \cdot \lg T - 94.76T \quad (T < 1700K)$$

$$\Delta G_T^{\ominus} = 228400 + 5.46T \cdot \lg T - 126.8T \quad (T > 1700K)$$

1827℃时，$\Delta G_T^{\ominus} = 0$

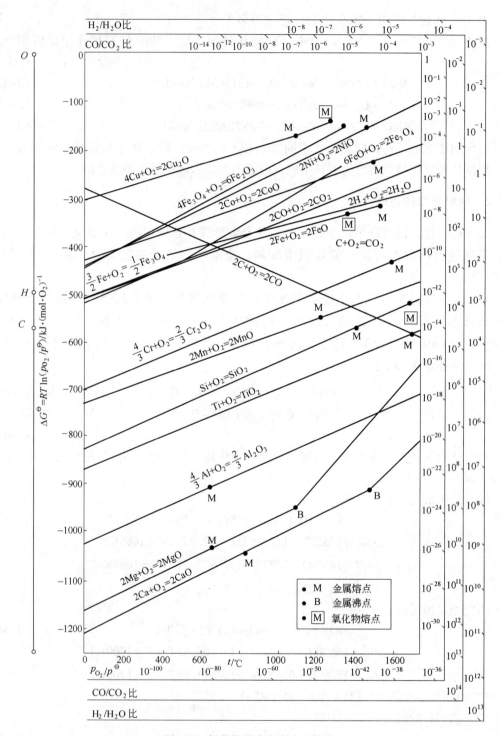

图 3-5　氧化物的吉布斯自由能图

SiO 的还原反应：　　　　　　　$SiO + C \Longrightarrow Si + CO$　　　　　　　(3-50)

根据自由反应熔方程式计算出的（$p = 0.1\text{MPa}$）各反应的开始温度为：

$$\Delta G_T^{\ominus} = -7400 - 12.9T \cdot \lg T + 40.9T \quad (T > 1700\text{K})$$

1650℃	$SiO_2 + C \longrightarrow Si$	(3-51)
1627℃	$SiO_2 + C + Fe \longrightarrow FeSi90$	(3-52)
1587℃	$SiO_2 + C + Fe \longrightarrow FeSi75$	(3-53)
1540℃	$SiO_2 + C + Fe \longrightarrow FeSi45$	(3-54)
1430℃	$SiO + C + Fe \longrightarrow FeSi33$	(3-55)
1537℃	$SiO_2 + C \longrightarrow SiC$	(3-56)
1827℃	$SiO_2 + SiC \longrightarrow Si$	(3-57)

冶炼硅铁时的各反应的标准生成自由能同温度的关系如图 3-6。

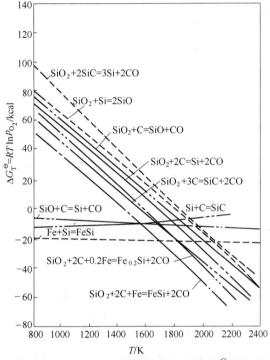

图 3-6　炼制硅铁时各反应的标准生成自由能 $\Delta G_T^{\ominus}$ 同温度的关系

3.6　钒钛铁精矿钠化球团的直接还原

3.6.1　钒钛铁精矿钠化球团概述

在钒钛铁精矿中配加一定比例的钠盐、粘结剂后，经滚动造球形成的球团称为钒钛铁精矿钠化球团。该球团在链箅机上被回转窑尾气余热干燥后，随即在回转窑中进行氧化焙烧形成氧化钠化球团，然后经水浸提钒所得到的浸后球团矿可进行直接还原形成金属化球团，在电炉中熔炼深还原后分离回收铁和钛。钒钛铁精矿钠化球团的制备及直接还原步骤如下所述，工艺流程如图 3-7 所示。

(1) 配料。在精矿中配加芒硝和膨润土，采用人工配料及预混合，再在碾矿机上碾磨混合。一般按铁精矿∶芒硝 = 100∶4.5 ~ 100∶6 配比（重量比），即可以满足分离铁与提取钒的要求。膨润土配入量一般为 0.6% ~ 1.0%，其有利于改善成球性和生球强度，提高造球干燥时的爆裂温度,加速生球的干燥速度。

(2)造球。将事先混匀的混合物料加入圆盘造球机造母球,一般为 3min 左右,加料 10 ~ 20min(根据造球时间而定),压密 2min 左右,然后对造好的球过筛分级。

(3)干燥。对于含芒硝的生球适于采用两段干燥制度:第一段干燥温度为 100℃,风速为 1m/s,时间为 20min;第二段干燥温度为 300℃,风速为 1m/s,时间为 10min。

(4)预热。生球干燥后,有时尚含有 1% ~ 2% 的水。继续加热,便进入预热段。含芒硝球团的预热温度在 800 ~ 850℃,随后在回转窑中经历 60 ~ 110min 的焙烧过程,发生大量的物理化学变化。

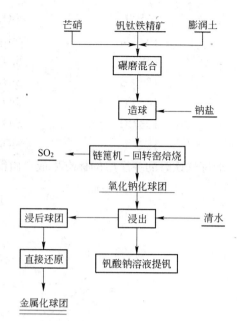

图 3-7 钒钛铁精矿钠化球团直接还原工艺流程图

(5)水浸提钒。在氧化焙烧过程中,球团矿中的钒能转化为溶于水的钠盐,加水浸出后,形成钒酸钠溶液和浸后球团,可以从钒酸钠溶液中提取钒。

(6)浸后球团的直接还原。浸后球团矿可进行直接还原形成金属化球团,将其中的铁与钛分离,回收铁及钛金属。

3.6.2 添加钠盐的作用

(1)有助于钒的提取。在钒钛磁铁矿中,钒以 +3 价形态与磁铁矿存在于共晶体中,用一般的选矿方法不能分离。在钒钛铁精矿粉中配加芒硝(Na_2SO_4)制成球团并进行氧化焙烧的过程中,铁精矿中的 V_2O_3 转化为 V_2O_5,球团中 Na_2SO_4 分解为 Na_2O 和 SO_2,从而使 Na_2O 和 V_2O_5 结合生成可溶于水的钒酸钠,然后用水浸出加以回收。在加芒硝造球的氧化焙烧过程中发生的化学反应如下:

$$5Na_2SO_4 \longrightarrow 5Na_2O + 5SO_2 + 5/2O_2 \qquad (3\text{-}58)$$

$$(FeO \cdot V_2O_3) + 5/2O_2 \longrightarrow Fe_2O_3 + 2V_2O_5 \qquad (3\text{-}59)$$

$$V_2O_5 + Na_2O \longrightarrow 2NaVO_3 \qquad (3\text{-}60)$$

上述 3 个反应可以归纳为:

$$2(FeO \cdot V_2O_3) + 5Na_2SO_4 \longrightarrow 4NaVO_3 + 3Na_2O + Fe_2O_3 + 5SO_2 \qquad (3\text{-}61)$$

在式(3-58)中,5 价钒的存在起着催化作用,如在混料中添加 5 价钒(如钒酸铵或钒酸钠),则反应(3-59)和(3-60)在链箅机上就已经开始了。在焙烧过程中钒从 3 价氧化物转化为 5 价的钒酸钠。钠化焙烧的目的主要是在提高钒的转化率的前提下,还要满足下一工序对球团矿质量的要求。影响转化率的因素有原料的质量、干燥制度、焙烧温度、焙烧时间、焙烧气氛和芒硝的用量等。水浸提钒后的球团矿因其机械强度差、残钠量高而不能直接用作高炉炼铁,可进行直接还原和电炉熔分回收其余有用组分。

总之,在钒钛磁铁矿中添加钠盐的作用就在于在还原过程中阻止生成难还原的铁氧化物——钛铁矿和钛铁晶石。

（2）促进后期还原过程的进行。钒钛磁铁矿中添加钠盐，改变了还原过程中的固相变化，提高了球团的金属化率，在铁的难还原氧化物还原方面起到积极的作用。

3.6.3 钒钛铁精矿钠化球团的还原过程

钒钛铁精矿加入钠盐进行钠化造球后形成钠化球团，该球团在回转窑中进行氧化焙烧形成氧化钠化球团，经水浸提取 V_2O_5 后所得到的球团矿可进行直接还原形成金属化球团，经电炉熔炼深还原后分离回收铁和钛。

3.6.3.1 氧化钠化球团的物相组成

据资料显示，氧化钠化球团的矿物组成主要有赤铁矿、铁板钛矿、硅酸盐和原矿未熔的硅酸盐矿物。赤铁矿呈浑圆状、半浑圆状、少量呈不规则状。而铁板钛矿常呈粒状和针状，有时呈板状。其中赤铁矿占79%，铁板钛矿占16%，硅酸盐占5%，该球团主要靠赤铁矿再结晶连接来保证球团的强度，而玻璃相连接则起次要作用。

3.6.3.2 浸钒后氧化钠化球团的还原过程

钒钛磁铁矿氧化钠化球团的直接还原过程大致可分为四个阶段：第一阶段（950 ~ 1040℃）为磁铁矿－钛铁晶石固溶体，即高铁钛铁晶石阶段；第二阶段（1040 ~ 1100℃）为浮氏体（FeO）－高铁钛铁晶石矿物组合阶段；第三阶段（1100℃）为金属铁－钛铁晶石矿物组合阶段；第四阶段（1200℃）为金属铁－黑钛石矿物组合阶段，即形成产品球团。

A 高铁钛铁晶石阶段

氧化钠化球团入回转窑后首先开始外圈还原反应，其反应如下：

$$3Fe_2O_3 + CO \longrightarrow 2Fe_3O_4 + CO_2 \uparrow \qquad (3-62)$$

$$Fe_2TiO_5 + CO \longrightarrow Fe_2TiO_4 + CO_2 \uparrow \qquad (3-63)$$

$$Fe_3O_4 + Fe_2TiO_4 \longrightarrow Fe_5TiO_8 \qquad (3-64)$$

即赤铁矿还原为磁铁矿，而铁板钛矿相变为钛铁晶石。

由于磁铁矿和钛铁晶石体结构一致，故二者可形成完全固溶体，即为高铁钛铁晶石（Fe_5TiO_8）。该固溶体在反光下与磁铁矿的光学性质很相似，晶体形状为粒状和他形。在该还原阶段除含有高铁钛铁晶石外，还有硅酸盐玻璃分布其中，起胶结作用。此外尚有少量的原精矿粉中硅酸盐矿物在氧化焙烧时未熔化。

B 浮氏体－高铁钛铁晶石矿物组成阶段

在第一阶段还原基础上，氧化钠化球团继续进行还原反应，其反应是高铁钛铁晶石中的部分 Fe_3O_4 还原为浮氏体，即：

$$Fe_3O_4 + CO \longrightarrow 3FeO + CO_2 \uparrow \qquad (3-65)$$

剩下含铁量少的高铁钛铁晶石在还原气氛下仍然保留，故该球团样品的物相主要为浮氏体和高铁钛铁晶石，以及硅酸盐玻璃所组成，其中浮氏体占41.73%，高铁钛铁晶石占52.16%，硅酸盐玻璃占6.08%。由于高铁钛铁晶石（磁铁矿－钛铁晶石固溶体）中的部分 Fe_3O_4 被还原为浮氏体，而浮氏体与高铁钛铁晶石结构不同，因此随着还原的进行，浮氏体逐渐从高铁钛铁晶石中分离出来，形成典型的固溶体分离结构。一般情况下浮氏体的理论式为 FeO，该浮氏体样品的化学式为（$Na_{0.008} Mg_{0.037} Mn_{0.002} Fe_{0.872} Al_{0.004} Si_{0.003} Ti_{0.035}$ $V_{0.0001}$）$_{0.962}$O；高铁钛铁晶石的化学式为（$Mg_{0.13} Fe^{2+}_{2.64} Fe^{3+}_{1.76} Al_{0.31} Ti_{1.04} V_{0.009}$），符合其理论式 Fe_5TiO_8。

C　钛铁晶石–金属铁矿物组合阶段

在第二阶段还原的基础上，浮氏体–高铁钛铁晶石继续还原，其反应如下：

$$Fe_5TiO_8 + CO \longrightarrow FeO + Fe_2TiO_4 + CO_2 \uparrow \tag{3-66}$$

$$FeO + CO \longrightarrow Fe + CO_2 \uparrow \tag{3-67}$$

第二还原阶段样品主要物相组成为浮氏体和高铁钛铁晶石，并且二者形成典型的固溶体分离结构。还原到第三阶段，其中浮氏体全部还原为金属铁，而高铁钛铁晶石中的部分二价铁还原为金属铁，剩余的 FeO 和 TiO_2 形成钛铁晶石。因此，这阶段样品主要物相是金属铁、钛铁晶石和硅酸盐玻璃所组成。钛铁晶石多为蠕虫状、叶片状和网格状。从第三阶段开始矿物组成发生明显的变化。其中浮氏体全部转变为金属铁、高铁钛铁晶石全部消失，还原为钛铁晶石。钛铁晶石的化学式为（$Na_{0.109} Mg_{0.261} Mn_{0.122} Fe_{1.655} Al_{0.256} Si_{0.001}$ $Ti_{0.763}$）$_{3.208}O_4$，符合理论式 Fe_2TiO_4。

D　金属铁–黑钛石矿物组合阶段

球团样品继续还原，并且在此前的 3 个阶段中未被还原的含铁矿物钛铁晶石此时遭到了全部还原，其反应如下：

$$Fe_2TiO_4 + CO \longrightarrow Fe + FeTiO_3 + CO_2 \uparrow \tag{3-68}$$

$$2FeTiO_3 + CO \longrightarrow Fe + FeTi_2O_5 + CO_2 \uparrow \tag{3-69}$$

最后的还原产物为金属铁和黑钛石，所以样品中主要物相是由金属铁、黑钛石和硅酸盐玻璃所组成。其中金属铁占 69.06%，黑钛石占 21.23%，硅酸盐玻璃占 10.54%。而金属铁多为粒状和海绵状结构，黑钛石通常呈粗大的长板状和不规则的粒状结构。硅酸盐玻璃以不规则的形状分布在黑钛石或金属铁之间，起胶结作用。其中黑钛石的化学式为（$K_{0.004} Na_{0.212} Mg_{0.802} Fe_{0.229} Si_{0.010} Ti_{1.968} V_{0.025}$）$_{3.25}O_5$，符合理论式 $FeTiO_5$。

E　金属化球团产品

最后还原成金属化球团产品，其物相组成与第四阶段矿物组合相同，由金属铁、黑钛石和硅酸盐玻璃所组成。

总之，氧化钠化球团从入炉到出炉的整个还原过程中，各阶段的相变历程如图 3-8 所示。

3.6.3.3　还原过程中主要元素的演变

还原过程中主要元素的演变如下：

(1) 铁的演变。铁元素在氧化球团中主要集中在赤铁矿中，少部分集中在铁板钛矿中，进入回转窑后在第一阶段主要集中在高铁钛铁晶石中。还原到第二阶段时铁元素集中在浮氏体中和高铁钛铁晶石中。还原到第三阶段则铁元素主要集中在金属铁中，其次在钛铁晶石中。还原到第四阶段或产品，铁元素主要集中在金属铁中。

(2) 钛、镁、钠的演变。钛、镁、钠元素从第二阶段开始逐渐集中到钛矿物中，一

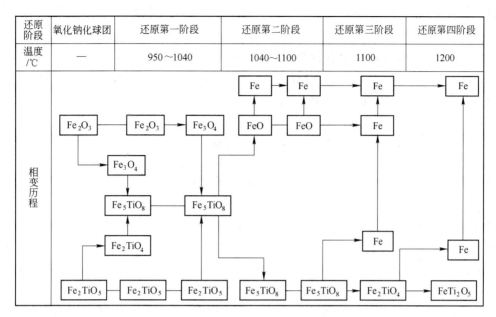

还原阶段	氧化钠化球团	还原第一阶段	还原第二阶段	还原第三阶段	还原第四阶段
温度 /℃	—	950~1040	1040~1100	1100	1200
相变历程					

图 3-8 钠化氧化球团直接还原过程相变示意图

直到第四阶段或产品球团钛、镁等元素几乎全部集中到黑钛石中（而钠元素部分集中在黑钛石中）。

（3）其他元素。全部硅、铝和部分的钙、镁、钠等元素从始至终都集中在硅酸盐玻璃中。

3.6.4 钒钛铁精矿钠化球团的还原特点

3.6.4.1 造球特点

生球内 Na_2SO_4 和 H_2O 的体系是比较复杂的，既有饱和 Na_2SO_4 溶液和 $Na_2SO_4 \cdot 10H_2O$，又有 Na_2SO_4，从而使得含芒硝的铁精矿造球具有独特的性质。与普通铁精矿造球相比，钒钛铁精矿的造球具有如下特点：

（1）钒钛铁精矿加芒硝造球的适宜水分比不加芒硝的高。同时，适宜的水分范围较宽，在达到同样生球强度的情况下，随着造球环境温度和芒硝用量的不同，适宜的造球水分约高 1%~2%，不加芒硝的适宜造球水分波动范围为 ±0.25%，而加有芒硝的波动范围为 ±0.5%。

（2）钒钛铁精矿加芒硝的适宜造球水分随造球环境温度的不同而异。在芒硝用量相同的条件下，随造球环境温度升高，其达到同样生球强度的适宜水分可相应地降低。当芒硝用量为 5%，环境温度低于 16℃时，造球适宜水分大于 8.5%，温度高于 16℃时，水分可降低到 7.6%。

（3）在相同的造球环境温度下，如果芒硝用量由 5% 降到 4% 时，则对提高生球强度有利，并可降低造球水分。芒硝用量降低 1%，造球水分可降低 1%，但生球均不能放置，否则强度下降。

3.6.4.2 钠化球团还原过程中会产生灾难性膨胀

钠化球团的还原膨胀问题，是钒钛磁铁矿资源钠化球团的一个重要技术难题，尤其是

浸钒后氧化钠化球团的灾难性还原膨胀问题，其还原膨胀的影响因素及机理详见本书
3.7.2 节。

3.6.4.3 钠化球团硫含量较高，焙烧过程需要脱除

钒钛磁铁矿中加入芒硝所带入球团的硫量达到 1.2% ~ 1.3%（重量）。球团在焙烧过
程中，芒硝（Na_2SO_4）有三种分解方式：

第一种：
$$Na_2SO_4 \longrightarrow Na_2O + SO_3 \tag{3-70}$$
$$SO_3 \longrightarrow SO_2 + 1/2O_2 \tag{3-71}$$

总反应
$$Na_2SO_4 \longrightarrow Na_2O + SO_3 + 1/2O_2 \tag{3-72}$$

第二种：
$$Na_2SO_4 \longrightarrow Na_2SO_3 + 1/2O_2 \tag{3-73}$$
$$Na_2SO_3 \longrightarrow Na_2O + SO_2 \tag{3-74}$$

总反应
$$Na_2SO_4 \longrightarrow Na_2O + SO_2 + 1/2O_2 \tag{3-75}$$

其结果与第一种方式一样，得到 Na_2O，硫以 SO_2 气体形式脱除，这是希望得到的结果。

第三种：
$$Na_2SO_4 \longrightarrow Na_2S + 2O_2 \tag{3-76}$$

这种分解方式不能达到脱硫的目的，是不希望得到的结果。

此外，钒钛磁铁矿精矿原料本身还带入少量的硫（0.04% ~ 0.1%）。钠化球团焙烧
时要考虑到脱硫来选择焙烧的气氛和温度。研究发现，采用磁化焙烧的气氛（CO/CO_2 =
1/99 ~ 8/92），钒钛磁铁矿钠化球团配入的 Na_2SO_4 和原矿中的 FeS 都可以顺利的脱硫。

3.7   钒钛磁铁矿球团还原膨胀

3.7.1   铁精矿球团还原膨胀的一般机理

球团矿可以分为酸性球团矿和熔剂性球团矿。熔剂性球团矿通称自熔性球团矿或碱性
球团矿，是指在配料过程中添加有含 CaO 的矿物生产的球团矿。

熔剂性球团矿与酸性球团矿相比，其矿物组成较复杂。除赤铁矿为主外，还有铁酸
钙、硅酸钙、钙铁橄榄石等。由于石灰粉的添加，使品位降低，固结机理也与酸性球团矿
不同，焙烧过程中产生的液相量较多，主要靠液相固结，故气孔呈圆形大气孔，其平均抗
压强度较酸性球团矿低。

球团在用气体还原过程中，都要发生不同程度的膨胀，随着焙烧条件与球团种类的不
同，膨胀的程度差别较大，有的是正常膨胀，也有异常膨胀甚至于产生灾难性膨胀。通常
将线膨胀率 ≤7%（体膨胀率 ≤20%）的膨胀视为正常膨胀，否则视为异常膨胀。氧化焙
烧气氛得到的酸性氧化球团的膨胀性能远大于弱还原焙烧气氛得到的球团，前者主要成分
是 Fe_2O_3，后者主要成分为 Fe_3O_4。氧化球团又因添加剂种类的不同（碱度球、钠化球
等），其还原膨胀程度也不同。添加 MgO 试剂可降低球团矿还原膨胀率，而添加 CaO 使
球团矿还原膨胀率增大，添加钠盐的球团（简称钠化球团），在 700℃ 以下还原时，表现
为异常膨胀，在 1000℃ 以上还原时表现为正常膨胀；而非钠化球团在各还原温度下，都
属于正常膨胀。国内外研究结果一致表明，无论是哪种类型的球团矿，其还原膨胀主要发
生在赤铁矿向磁铁矿转变的阶段。

钒钛磁铁矿中的铁氧化物以磁铁矿、板钛矿、钛铁矿、钛铁晶石及浮氏体存在。组成

复杂造成了钒钛磁铁矿的还原是多途径进行的，除磁铁矿的还原外，还有钛铁矿、钛铁晶石的还原，钛铁矿、钛铁晶石的还原较磁铁矿的还原难得多。所以，要提高钒钛铁精矿还原产物的金属化率，除强化FeO_x到Fe的还原过程外，还必须在高温条件下还原钛铁矿、钛铁晶石。钒钛铁精矿中铁氧化物的还原历程也可表示如下：

$$\begin{array}{c}
Fe_2O_3 \longrightarrow Fe_3O_4 \longrightarrow FeO \nearrow^{Fe} \\
Fe_2TiO_5 \longrightarrow Fe_2TiO_4 \longrightarrow FeTiO_3 \searrow_{Fe}
\end{array} \longrightarrow Fe_2TiO_4 \xrightarrow{Fe} FeTiO_3 \xrightarrow{Fe} (Fe,Mg)TiO_3 \xrightarrow{Fe} (Mg,Fe)Ti_2O_6$$

大量实验已证明，从室温到1200℃，Fe_2O_3 转变为 Fe_3O_4 过程，经过 $\gamma\text{-}Fe_2O_3$ 过渡，发生相变，体积膨胀理论值约为7.8%；Fe_2TiO_5 还原为 $FeTiO_3$ 的过程中体积膨胀约为5.8%；$Fe_3O_4 \longrightarrow FeO$ 转变中原 Fe_2O_3 还原生成的裂隙趋于增大，能产生 4% ~ 11% 的附加膨胀；$FeO \longrightarrow Fe$ 过程，由于金属铁在晶粒边缘生成，逐渐向晶粒内层扩展，体积收缩；球团的热膨胀仅为 3 % 左右，由相变和热膨胀引起的球团体积膨胀，对球团的灾难性膨胀贡献都很小。

钒钛磁铁矿球团的还原膨胀，主要发生在 Fe_2O_3 还原为 Fe_3O_4，Fe_2TiO_5 还原为 $FeTiO_3$ 的阶段。不同的添加剂，对增大或减弱球团的还原膨胀性能不同。本书主要讨论钠盐、CaO、MgO 对球团还原膨胀的影响情况。

3.7.2 钠盐对钒钛铁精矿氧化球团的还原膨胀性的影响

非钠化球团在各还原温度下，都不会发生异常膨胀。加入钠盐后，发生"灾难性膨胀"不是发生在金属化阶段，而是在自由的 Fe_2O_3 转化为 Fe_3O_4 的阶段，即：

$$Fe_2O_3 + Fe_2TiO_5 + H_2 \longrightarrow Fe_3O_4 + FeTiO_3 + H_2O \tag{3-77}$$

实验室一般用球团的线膨胀率表示其还原膨胀特性，表 3-12 反映的是在不同温度下恒温还原，钠化球团的最大线膨胀率；图 3-9 反映出从 550℃ 升温至 1050℃，钠化球团和非钠化球团的还原膨胀曲线。按通常的 7% 线膨胀率来划分，钠化球团在 700℃ 以下还原时，表现为异常膨胀，在 1000℃ 以上还原时表现为正常膨胀，而非钠化球团在任何温度下，均不会发生异常膨胀。

表 3-12 钠化球团恒温还原膨胀特性

恒温还原温度/℃	最大线膨胀率 B/%	恒温还原温度/℃	最大线膨胀率 B/%
700	17.94	1000	8.54
800	11.17	1100	6.70
900	9.85	1200	6.72

从显微结构看，球团经还原后，都产生了不同程度的结构缺陷，如孔洞、晶间裂纹、穿晶裂纹等。球团还原时体积膨胀的差异反映了球团结构破坏的不同程度。晶间裂纹或裂缝会使得球团的孔隙率大大增加，球团的体积严重膨胀。球团结构的破坏涉及两个方面：一是球团在还原过程中内部产生的应力，二是球团本身的强度。

3.7.2.1 球团中磁铁矿的微区应力

球团矿在 500 ~ 700℃ 处于非塑性状态，无论张力或是压力均能使晶粒内某些晶面发

生歪扭和弯曲，产生微区应力，当微区应力
增大到使某些晶面产生晶体滑动时，造成晶
面原子（或离子）之间的化学键力发生破坏，
使晶粒内萌生微细裂纹。外加离子渗入后，
微区应力增大，对裂纹的扩展可能有促进作
用。球团的裂纹是伴随还原反应进行的自表
层向里层扩张。如果微裂纹不断发展和扩大，
必将破坏胶结相的固结作用，促使球团矿进
一步膨胀并发生粉化。因此，微区应力的大
小同球团矿的膨胀率及强度有很大关系。

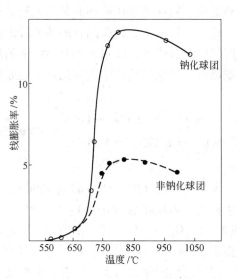

图 3-9　球团的升温还原膨胀曲线

A　球团内应力的来源

球团在还原过程中，内部应力的产生有
这样几个来源：铁晶须生长、碳沉积和物相
转变。而钒钛铁精矿球团的铁相在还原膨胀
过程中尚未出现，显然它不是球团的内应力
来源，攀枝花钒钛铁精矿球团的低温还原膨胀性质与还原介质无关。因此，碳沉积也不是
球团的主要内应力来源，球团的内应力主要来源于赤铁矿向磁铁矿的还原。

B　球团磁铁矿微区应力的影响因素

钒钛铁精矿球团中赤铁矿固溶有大量的钛。随钛固溶量的提高，赤铁矿的晶格参数增
大，赤铁矿的晶格畸变加剧，磁铁矿微区应变增大。表 3-13 反映出赤铁矿钛固溶量与晶
格参数和磁铁矿微区应变的关系。

表 3-13　赤铁矿 Ti 固溶量与晶格参数和磁铁矿微区应变的关系

Ti/%	7.722	8.161	8.674	10.092	10.255	10.771
a/nm	0.50337	0.50366	0.50388	0.50383	0.50387	0.50390
c/nm	1.37453	1.37563	1.37633	1.37649	1.37633	1.37671
ε	1.74×10^3		2.47×10^3	2.78×10^3		2.98×10^3

钠化球团的含钛量比同温度焙烧的非钠化球团的要高，这会增大钠化球团还原时的微
区应力、加剧球团的膨胀。钠化球团赤铁矿钛固溶量的提高，一方面是由于钠盐的加入降
低了赤铁矿中固溶的铁板钛矿的活度系数，从而增大了钛的固溶度；另一方面，由于钠盐
的加入使更多低熔点渣相形成，高温焙烧过程中，液态渣相的存在促进了元素的迁移，也
促进了钛向赤铁矿中的固溶。

磁铁矿的微区应力还受还原速率、还原温度等因素的影响。还原速率提高会增大磁铁
矿的微区应力，钠球的低温异常还原膨胀的产生就是由于钠球还原速率高的缘故，如钒钛
磁铁矿钠化球团的还原比非钠化球团迅速的多，但还原速率并不是钠球出现异常还原膨胀
的主要原因。即使钠化球团的还原速率低于非钠化球团时，仍不能改变其低温还原时异常
膨胀，高温还原正常膨胀的性质。这是因为球团在还原过程中，赤铁矿向磁铁矿的还原伴
随着应变的产生，使球团内部产生应变能。在温度的热激活作用下，球团中就会进行回复
过程。回复过程的进行，使球团内部应力得以释放。还原温度越高，回复过程就进行得越

迅速、越充分，应力释放就越彻底，因此，还原温度是磁铁矿微区应力的重要影响因素。

3.7.2.2 焙烧球团的强度

球团在还原过程中结构破坏的另一重要影响因素是球团本身的强度，高温焙烧的钠化球团的强度远远低于非钠化球团的强度。非纳化球团强度高，在还原过程中能承受较大内应力的作用，而不出现异常的膨胀。

钠化球团的晶粒粗化显然是其强度下降的一个影响因素。钠化球团强度的下降主要表现在其晶间强度的降低。Na、V、Si 在晶界处出现了偏析。它们的偏析降低了球团的晶间强度。在钠球断口形貌上存在针状钒酸钠，它在晶间或渣相中的结晶，会给渣相和球团带来缺陷，大大降低了渣相和球团的强度。

钠化球团和非钠化球团具有相同的物相组成，在还原过程中，它们的物相变化情况也基本一致。但由于钠盐的加入，元素迁移加快，球团的显微结构和微区成分发生了变化，导致球团的强度下降、还原过程中微区应力增大，其结果使球团在低温还原过程中，结构严重破坏，产生异常的粉化性膨胀。

因此，要抑制钠化球团的异常膨胀，可适当控制球团的还原温度，降低低温还原速度，使相变应力的积累现象因新相晶格及时得到调整而缓解，或采用高温还原等措施，均能抑制膨胀粉化。

3.7.3 CaO 对铁矿球团还原膨胀的影响

CaO 对球团膨胀影响的规律，国内外研究结果基本相同。即随着 CaO 量的增加，球团膨胀有一个最大值。

当温度为 900 ℃时，CaO 与 Fe_2O_3、Fe_3O_4、$FeTiO_3$ 间能够形成不同化学组成的物质并达到平衡。因此，CaO 不可能在赤铁矿还原的第一阶段（$Fe_2O_3 \longrightarrow Fe_3O_4$）导致体积异常增大。在还原的第二阶段，由于 Ca^{2+} 与 Fe^{2+} 具有比较相近的晶格参数，因此很容易取代 Fe^{2+} 生成钙磁铁矿和钙钛矿（$CaTiO_3$）。以钒钛磁铁矿为原料制备的球团中，进入铁氧化物晶格中 Ca^{2+} 数量将明显大于以普通矿为原料所得的球团。随着还原过程的推进，固溶于矿物晶格中的 Ca^{2+} 得到富集。在浮氏体还原成金属铁的初期，Fe^{2+} 离子向浮氏体表面扩散并还原，逐渐形成一层金属铁。同时，存在于矿物晶格中的 Ca^{2+} 离子在靠近浮氏体一侧进一步富集，在浮氏体与金属铁之间就会逐渐形成一个含铁石灰相［$CaO(Fe)$］，相应产生了 $Fe/CaO(Fe)/FeO_x$ 的边界层。此时，浮氏体中的 Fe^{2+} 离子扩散通过含铁石灰相到达金属铁相的难度明显增大。而在尚未形成 $CaO(Fe)$ 相的少数位置（如棱、角等），Fe^{2+} 离子仍能快速通过 FeO_x/Fe 的边界层到达金属铁相。随着 Fe^{2+} 离子在这些位置上的持续扩散和铁原子的沉积，浮氏体表面就会形成"铁晶须"并快速生长，最终导致球团发生异常膨胀，球团矿的强度受到严重破坏，甚至产生粉化。

3.7.4 MgO 对铁矿球团还原膨胀的影响

添加 MgO 后，在焙烧过程中就会形成稳定的铁酸镁，在还原时生成 MgO 和 FeO_x 的固溶体，Mg^{2+} 能均匀分布在浮氏体内，使得球团矿中 Fe_2O_3 还原成 Fe_3O_4 时，晶格变化小，膨胀应力减弱，体积膨胀降低，球团矿的还原膨胀率随 MgO 熔剂配比的增加稍有降低。

3.7.5 直接还原过程中球团的还原膨胀

钒钛铁精矿中 SiO_2 的含量（2%左右）比 CaO 的含量（1%左右）多，用于直接还原的钒钛铁精矿球团碱度一般为 0.2~0.5，不添加钠盐，是酸性球团矿。SiO_2 有利于渣键形成，可以适当抑制球团膨胀和抵制晶须的成长；少量 MgO 的存在，也能减弱球团的还原膨胀应力。采用非高炉技术冶炼钒钛磁铁矿，回转窑料床中的工作温度为 900~1100℃，转底炉则更高，为 1100~1350℃。由于其还原温度高，不会产生碳沉积，回复过程也进行得迅速而充分，应力得到彻底释放，高温条件下还原，球团体积正常膨胀。球团的体积膨胀，主要包括 $Fe_2O_3 \rightarrow Fe_3O_4$、$Fe_2TiO_5 \rightarrow FeTiO_3$ 的体积膨胀，$Fe_3O_4 \rightarrow FeO$ 转变中产生的附加膨胀及热膨胀。这些膨胀都不会导致球团的异常膨胀或灾难性膨胀。在 $FeO \rightarrow Fe$ 的转变过程中，由于金属铁在晶粒边缘生成，逐渐向晶粒内层扩展，体积还会收缩。因此，用于非高炉冶炼的钒钛铁精矿球团在高温快速还原过程中，不会发生粉化性膨胀。

本章小结

本章介绍了钒钛磁铁矿矿物组成特征、还原特点以及各种含铁矿物还原时允许的最大 CO_2/CO 值，重点阐述了钒、铬、钛、锰、硅氧化物的还原机理和钒钛磁铁矿钠化球团的制备、还原过程及特点，并对钒钛磁铁矿球团还原过程的膨胀问题做了解释。

复习思考题

1. 钒钛磁铁矿的主要矿物组成有哪些？
2. 简述钒钛磁铁矿的还原特点。
3. 简述钒、铬、钛、锰、硅氧化物的还原机理。
4. 钒钛磁铁矿中为何添加钠盐？
5. 简述钒钛磁铁矿钠化球团的还原过程及特点。
6. 钒钛磁铁矿钠化球团的造球特点有哪些？
7. 钒钛磁铁矿球团还原时为何膨胀？有何危害？
8. 如何解决钒钛磁铁矿球团还原膨胀问题？

参 考 文 献

[1] 史俊. 高炉锰铁冶炼. 新余钢铁厂, 1979.
[2] 吴宦善. 高炉铁合金冶炼 [M]. 南昌：江西科学技术出版社, 1993.
[3] 方觉, 等. 非高炉炼铁工艺与理论 [M]. 北京：冶金工业出版社, 2003.
[4] 邱竹贤. 冶金学, 下卷, 有色金属冶金 [M]. 沈阳：东北大学出版社, 2001.
[5] 洪及鄙. 攀钢钢铁钒钛生产工艺. 攀枝花钢铁（集团）公司, 1998.
[6] 冶金实用技术丛书：张玉柱. 高炉炼铁 [M]. 北京：冶金工业出版社, 1995.

[7] 杨绍利，盛继孚. 钛铁矿熔炼钛渣与生铁技术，北京：冶金工业出版社，2006.

[8] 莫畏，邓国珠，罗方承. 钛冶金 [M]. 第2版. 北京：冶金工业出版社，1998.

[9] 肖琪，蔡汝卓. 钒钛铁精矿钠化球团造球特点 [J]. 烧结球团. 1983, (5): 23~29.

[10] 肖琪，蔡汝卓. 钒钛铁精矿钠化球团生球干燥特点 [J]. 烧结球团. 1984, (6): 9~15.

[11] 潘宝巨，周原，钱洁，等. 攀枝花铁矿钠化氧化球团回转炉金属化过程中物质成分的研究 [J]. 矿产综合利用. 1984, (1): 28~34.

[12] 史占彪. 钒钛磁铁矿钠化浸钒球团回转窑直接还原的研究 [J]. 钢铁钒钛. 1983, (2): 17~25.

[13] 冀春霖，陈厚生，詹庆霖. 钒钛磁铁矿球团灾难性膨胀及其消除办法的研究 [J]. 钢铁. 1979, 14 (5): 1~9.

[14] 崔智鑫，范晓慧，姜涛，等. 巴西卡拉加斯赤铁矿球团还原膨胀性能研究 [J]. 矿冶工程. 2004, 24 (3): 53~58.

[15] 邹德余，裴鹤年. 攀枝花氧化球团矿在高炉冶炼过程中的膨胀 [J]. 钢铁. 1991, 26 (8): 5~7.

[16] 方觉，龚瑞娟，赵立树，等. 球团矿氧化焙烧及还原过程中的强度变化 [J]. 钢铁. 2007, 42 (2): 12~15.

[17] 熊良勇，史占彪. 新疆什可布台铁矿还原膨胀机理 [J]. 东北工学院学报. 1991, 12 (4): 347~355.

[18] 齐渊洪，周渝生，蔡爱平. 球团矿的还原膨胀行为及其机理的研究 [J]. 钢铁. 1996, 31 (2): 1~5.

[19] 况春江，钱洁，蔡博. 太和钒钛磁铁精矿钠化氧化球团还原膨胀的研究 [J]. 钢铁研究总院学报. 1986, 6 (1): 1~8.

[20] 徐楚韶，陈光碧，龚运淮. 钒钛球团矿的膨胀性能和微区应力的关系 [J]. 重庆大学学报. 1980, (2): 60~70.

[21] 詹庆霖，冀春霖，陈厚生. 钒钛磁铁矿钠化球团磁铁矿焙烧过程的研究 [J]. 钢铁. 1983, 18 (8): 28~36.

[22] 姜涛，何国强，李光辉，等. 脉石成分对铁矿球团还原膨胀性能的影响 [J]. 钢铁. 2007, 42 (5): 7~11.

[23] 冀春霖，陈厚生. 钒钛磁铁矿的磁化焙烧及其应用 [J]. 钢铁钒钛. 1984, (3): 56~61.

[24] Fan Xiaohui, Gan Min. Influence of flux additives on iron ore oxidized pellets [J]. Central South University Press and Springer—Verlag Berlin Heidelberg. 2010, (17): 732~737.

4 钒钛磁铁矿直接还原工艺

本章学习要点：

1. 掌握转底炉、隧道窑、车底炉、回转窑、竖炉、倒焰窑及流态化还原钒钛磁铁矿工艺及特点；

2. 了解隧道窑、回转窑、竖炉、倒焰窑的结构及工作原理。

4.1 转底炉还原工艺

4.1.1 转底炉法研究概况

转底炉由于反应速度快、原料适应性强等特点近年来得到了快速发展。转底炉工艺有许多种，包括 Fastmet、ITmk3、Inmeto、Comet、DryIron 等。

4.1.1.1 Fastmet 法和 Fastmelt 法

Fastmet 法是由美国 Midrex 直接还原公司与日本神户制钢于 20 世纪 60 年代开发的。目的是为了处理钢厂内部的含铁粉尘和铁屑等。经过多年的半工业试验和深入的可行性研究，现已完成工艺操作参数和装置设计的最佳化。首家商业化 Fastmet 厂于 2000 年在新日铁公司广畑厂投产，可处理含铁粉尘和铁屑 20 万吨/年。另外，日本还有两家 Fastmet 工厂，分别为 20 万吨/年和 1.6 万吨/年。日本神户钢铁公司和三井金属工业公司合资用 Fastmet 工艺在美国建造一座年产 90 万吨海绵铁的工厂。在美国埃尔伍德建立了 2.5 万吨/年的金属回收厂，回收镍粉尘，效果良好。图 4-1 为其工艺流程图。

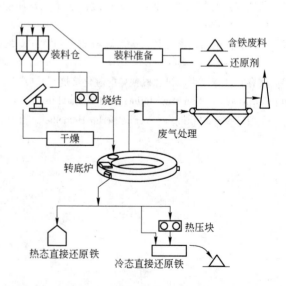

图 4-1 Fastmet 法工艺流程

Fastmet 法技术特点：（1）用转底炉运载炉料并在高温敞焰下加热实现快速还原；（2）选用原料广泛，对炉料强度要求不高；（3）煤作还原剂摆脱了对天然气的依赖；

（4）转底炉需要的热量可由天然气、丙烷或燃油燃烧提供，也可考虑用粉煤作燃料；（5）还原时间很短，仅仅6~12min，设备的启动与停止、产量的调整都可比较简单地进行。

另外，Midrex公司与日本神户制钢还开发出Fastmelt法和ITmk3法，Fastmelt法与Fastmet法基本一致，只是在后续添加一个熔炉来生产高质量的液态铁水。Fastmelt法与Fastmet法不同点如图4-2所示。

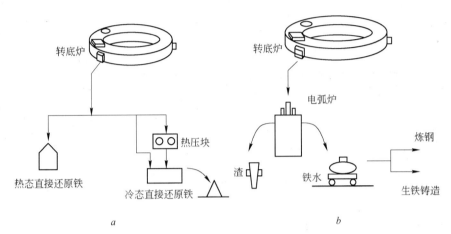

图4-2   Fastmet法与Fastmelt法的区别

a—Fastmet工艺部分；*b*—Fastmelt工艺部分

4.1.1.2   ITmk3法

该法的研究和改进工作由Kobe Steel Ltd. 于1996年开始进行。ITmk3技术也通过转底炉，利用低廉的粉矿和喷吹的煤粉生产出粒铁，还原时间短，仅需10min。在RHF内生产与炉渣分离的粒铁，与炉渣一起排出的粒铁，用磁选机等分选机选出粒铁。生产的粒铁具有高炉生铁同等品质。图4-3为ITmk3标准流程。

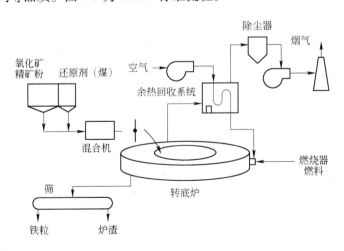

图4-3   ITmk3工艺流程

此工艺流程及设备配置十分类似于Fastmet工艺，有以下几个优点：

（1）还原和渣铁分离同时进行；

（2）不需要过高的加热温度；

（3）不存在 FeO 对耐火材料的侵蚀；

（4）炉渣可以很彻底地从金属中分离；

（5）粉矿和低品位矿都能使用。

但处理低品位矿时，生产每吨铁的能耗增加了。特别指出，ITmk3 法生产的粒铁并不是高温的铁水，而是粒状的固体铁，适于输送。所以 ITmk3 装置可以放在矿山附近。在矿山附近生产粒铁再输送到消费地，与输送矿石和煤炭相比较，需要输送的重量大约减少一半，降低消耗在运输上的能量与成本。

ITmk3 工艺现已通过美国的梅萨比粒铁中间试验厂的装置连续运转试验。神户钢铁正在许多产煤国家如美国、澳大利亚和印度热销该技术。目前神户钢铁正与印度 Chowgule 集团就在果阿地区合资建厂事宜包括 ITmk3 技术进行商讨。新建厂在 2007 年年底开工，2009 年投产，年产能为 50 万吨。乌克兰 Inguletsky GOK 现在正在进行 ITmk3 项目商业化运作。

德国曼内斯曼—德马格公司获得 Inmetco 技术推广许可后，在基础研究和工程化方面都在 Fastmet 工艺上做了大量工作和多方面改进。其工艺优点如下：

（1）球团装料防止结块和不均；

（2）高温段燃烧采用扁烧嘴，均匀温度分布；

（3）防止局部过热和控制炉膛气氛；

（4）改摩擦传动代替齿轮条传动，提高运行可靠性；

（5）卸料系统开发出新的金属收集和运输装备；

（6）高温废气通过换热生产高压蒸汽，低温废气预热助燃空气；废气和物料余热被回收和利用，实现高能量利用率（>80%）；

（7）实现污染排放量最小化（废气中 $SO_2 < 50mg/m^3$，$NO_x < 200mg/m^3$）无液态废物。

公司将该工艺和埋弧式电弧炉结合，延伸发展为一种生产铁水的新工艺，即 Redsmelt。在美国印第安纳州 Iron Dynamics 公司（Steel Dynamics 公司的子公司）建成年产 60 万吨还原铁的生产线。该生产线的转底炉直径 50m，环宽 7m。

转底炉生产的热还原铁直接进入埋弧电炉，生产铁水供 Steel Dynamics 公司的电炉使用。1999 年 4 月投入试运行，1999 年 12 月恢复生产。2000 年，君津厂用 Inmetco 法建成年处理能力 18 万吨的直接还原生产线。德国的曼内斯曼钢铁公司已获得 Inmetco 工艺的使用权，拟用此工艺在德国建造一座直径 28m 的环形转底炉，处理从欧洲各钢铁公司回收的含金属粉尘和废料。

4.1.1.3　DryIron 法

Maumee R&B 公司的专利技术已命名为 DryIron 法，它克服了通常煤基还原带来的粉化、脉石含量高、硫高、金属化率低等缺点。MR&E 公司在美国俄亥俄州匹兹堡的试验厂进行的大量工业试验表明，该工艺不仅可用铁精矿粉为原料生产质量稳定的海绵铁或热压块铁，而且同样适用于钢铁厂各类含铁废弃物的回收利用。DryIron 法简化了原料准备，用压块代替造球，不需要将原料磨得很细和加入较多水分，含碳铁氧化物压块后不经干燥直接入炉焙烧。其工艺优点如下：

（1）用铁精矿粉生产海绵铁（DRI）或热压块铁（HBD）作原料。其产品质纯净，脉石与硫等杂质含量很低。而且与废钢相比，其质量均匀稳定，波动小，对于炼钢生产极为有利。

（2）回收电炉除尘灰与轧钢铁鳞，杂质金属去除率高。杂质中的金属元素：铅、锌、镉等被有效去除。

（3）回收传统钢铁厂废弃物。传统钢铁厂废弃物包括转炉除尘灰、轧钢铁鳞、热轧污泥、连铸氧化铁皮及高炉粉尘与污泥。这些物质总体来说碳含量很高，与电炉除尘灰相比，锌含量较低，而铅、镉等含量极少。处理后，其产品金属化率高，Zn、Pb 含量大幅度降低。

（4）MR&E 公司的低 NO_x 控制专利技术处理尾气，从而使其对环境的污染降至最低限度。

4.1.1.4 Comet 法

1997 年 4 月，比利时冶金研究中心（CRM）提出的 Comet（Coal—Based Metallization）工艺。与其他转底炉直接还原工艺［如 Inmetco 和 Fastmet］的区别在于完全取消了造球工艺，直接将烘干后的粉状氧化铁料和还原剂多层相间地布在转底炉床上，即一层还原剂一层矿石布料。通过安装在炉子出口处的筛分机，很容易将直接还原铁与富余的煤粉、石灰、煤的灰分和硫化钙分离。生产的海绵铁硫含量低于 0.05%，脉石含量约为 5%。该种海绵铁特别适合于用作电弧炉原料。Comet 工艺的炉温高，生产出直接还原铁易于运输和储存。试验室研究表明，Comet 工艺生产的海绵铁金属化率可达 90%，生产率低的损失可由不安装造块设备来补偿，而硫含量仅为 0.04% ~ 0.05%，解决了产品硫含量过高的问题。由于传热条件不如 Inmetco 和 Fastmet 工艺，物料将在炉内停留更长时间，影响产量。Comet 法至今难于实现工业化。卢森堡 Paul Wurth 公司已获得将此工艺用于商业性开发的许可证，后续的工业化研究正在进行。

4.1.1.5 转底炉煤基热风熔融炼铁法

转底炉煤基热风熔融炼铁法，又称恰普法（Coal Hot—Air Rotary Hearth Furnace Process，简称 CHARP），是由北京科技大学冶金与生态工程学院冶金喷枪研究中心在转底炉直接还原基础上开发的新炼铁工艺，并命名其产品为珠铁。1997 年，冶金喷枪研究中心在含碳球团直接还原的实验过程中发现了珠铁析出的现象，同年即申请了转底炉珠铁生产的专利。2002 年再次申请了名为煤基热风转底炉熔融还原炼铁法专利。图 4-4 为转底炉煤基热风熔融炼铁工艺流程图。

转底炉煤基热风熔融炼铁工艺中，含碳复合球团在 1350 ~ 1450℃ 的温度下还原、熔化，且铁水易于与渣分离。不同于传统直接还原铁技术的固相区还原，该工艺在固液两相区进行还原反应。渣铁熔分之后，渣中残余 FeO 少于 5% 左右。起到一定的黏结强化金属化球团的作用，得到形似珠状，成分如生铁，不含脉石的产品，不同于一般的金属化球团，称为珠铁。现在转底炉煤基热风熔融炼铁工艺正对钒钛磁铁矿、钛精矿复合含碳球团的还原熔分行为进行了探索性的研究，扩大转底炉煤基热风熔融炼铁工艺对矿的适用范围，又为钛资源利用开辟了新的方法。

1992 年，北京科技大学理化系与河南舞阳钢铁公司合作，借鉴美国的 Fastmet 和 In-

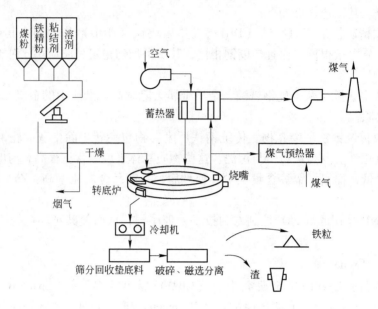

图 4-4　转底炉煤基热风熔融炼铁工艺流程图

metco 工艺, 在舞阳钢铁公司建成一座直径 3m 的环形转底炉并进行了试验, 取得初步成功。后来, 又为鞍山设计了一台直径 8m 的直接还原环形转底炉。1996 年, 在鞍山汤岗子铁矿建成了一座直径 5.5m 转底炉试验装置, 产品的金属化率稳定, 达 80% ~ 85% 。2000年, 已经在山西和河南的两家钢铁公司建成了直径为 13.5m 的转底炉两台, 设计年生产能力为金属化球团矿 7 万吨。

山西翼城和河南巩义永通钢铁公司的转底炉虽建成但现在都处于停炉状态。

4.1.2　钒钛磁铁矿转底炉煤基直接还原工艺新流程

为了促进攀西地区经济发展, 充分发挥攀枝花的钒钛资源优势, 开发利用得天独厚的钒钛磁铁矿资源, 必须贯彻落实科学发展观, 努力走新型工业化道路, 研究开发新的处理钒钛磁铁矿工艺流程。

4.1.2.1　转底炉煤基直接还原工艺流程特点

"转底炉短流程" 炼铁新技术是目前国家提倡的第三代炼铁新技术, 特别适合于处理钒钛磁铁矿回收钛钒铁资源, 其中转底炉煤基直接还原 – 电炉熔分新流程就是其中的典型代表, 其工艺流程如图 4-5 所示。该流程除了拥有直接还原工艺的共同特点外, 还具有如下优点:

(1) 转底炉 – 电炉炼铁流程与高炉流程比较, 吨铁成本低约 10% , 基建投资省 22% 左右, 全流程电耗低48.6% ; 此外, 转底炉流程的建设投资是回转窑流程的 30% ~ 50% 。

(2) 从转底炉出来的煤气经过焚化炉和热交换器将转底炉烧嘴助燃空气预热, 并将

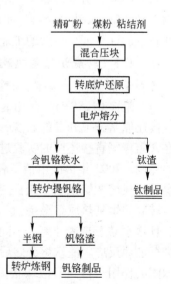

图 4-5　转底炉炼铁新流程

高温废气用来干燥球团。生产用水可循环使用，生产中产生的粉末回收利用，对环境友好。

（3）转底炉还原过程中由于炉底转动而炉料不动，可解决回转窑或竖炉还原时炉料粘接、结圈等问题。

该工艺流程可以将铁和钒与钛分离，有益元素得到充分回收利用，是钒钛磁铁矿综合利用较为合理的流程，应该是今后处理攀枝花钒钛磁铁矿的首选煤基直接还原工艺流程。

4.1.2.2 试验研究及应用情况

自 2004 年以来，攀枝花学院科研人员就开始进行该工艺的试验研究工作，成立了钒钛矿综合利用联合实验室，成立了课题组，建成了"铁矿粉压力成形-转底炉-电弧炉熔分中间试验装置"，对含钒钛铁精矿进行了转底炉还原、DRI 电弧炉熔炼中间试验研究，获得了大量有效数据，经过 4 年多大量艰苦的研究，获得了重大技术突破，取得了高水平研究成果，为产业化提供打下了坚实基础。进行了大量实验研究，获得了大量有效数据，先后申报并获得了 2 项国家发明专利和实用新型专利，出版了钒钛方面专著 2 部。

（1）转底炉中间试验装置上还原钒钛铁精矿内配碳球团，制备金属化球团 DRI 的金属化率在 15 ~ 20min 内达 90% 以上；

（2）还原后的高温金属化球团直接热装进入电炉进行熔化分离，通过控制电弧炉冶炼工艺，所得含钒生铁、熔分钛渣实现良好分离，得到的熔分钛渣和生铁全部被下一道工序利用。

（3）控制钒的走向，钒进铁率可达 80% 以上，可获得含 TiO_2 大于 50% 的钛渣，该钛渣可作为硫酸法钛白原料。

"钒钛磁铁矿转底炉直接还原 – 电炉熔分新工艺"项目研究成果达到了国际领先水平，并于 2006 年获得了市级钒钛资源开发技术创新项目奖一等奖，并通过了省科技厅组织的专家鉴定。自 2006 年起，该研究成果即由四川龙蟒集团攀枝花矿冶公司在攀枝花进行产业化建设。2007 年年底，在攀枝花钒钛产业园区（安宁工业区）建成了规模为 7 万吨/年的工业示范装置（一期工程），现正在进行二期工程建设，规模为 200 万吨/年，届时将获得显著的经济效益和社会效益。攀钢集团也在进行规模为 10 万吨/年的工业示范装置（一期工程）建设。

4.2 隧道窑还原钒钛磁铁矿

4.2.1 隧道窑结构

隧道窑的横截面为上部呈圆拱形，下部呈长方形，其长度从 30 ~ 200m 不等，是从砖窑移植过来的。隧道窑底部铺设有铁轨，窑车在铁轨上行进，物料放在还原罐内，还原罐整齐地码放在窑车上，窑车在隧道窑内缓慢行进。其结构如图 4-6 所示。

4.2.2 隧道窑生产操作过程

隧道窑还原钒钛铁精矿的生产操作过程和海绵铁生产操作过程相同，分为装罐与装炉、卸锭与清罐两部分，以下分别加以阐述。

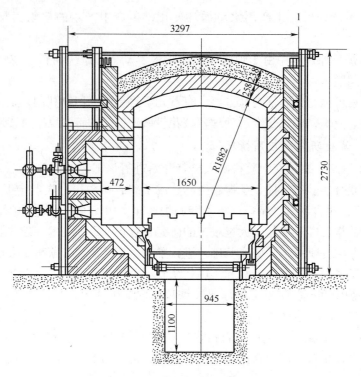

图 4-6　隧道窑横截面图

4.2.2.1　装罐与装炉

和普通海绵铁生产过程相同，生产中将矿粉和碎焦按环状装入陶瓷罐或碳化硅罐内，横截面如图 4-7 所示，装罐机结构如图 4-8、图 4-9 所示。

装罐时还原物料经贮料斗、分料器之后进入定量斗内及与定量斗下部相结合的模具头（导管），下端插入空还原罐内，打开定量斗阀门，使料装入罐内，装料结束，模具头提出罐外，这就完成一装罐行程。

装好罐并加盖密封后，将罐整齐码放在窑车上，将窑车推入隧道窑内还原。

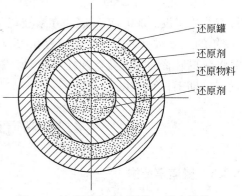

图 4-7　铁矿粉和还原剂装入形态横截面

4.2.2.2　卸锭和清罐

卸锭与清罐机构如图 4-10 所示。还原结束的台车，冷却出窑送到卸锭机构下定位，卸锭机钳口对准罐位，将还原好的还原料卸出。

清罐机构由内芯清罐机、外环清罐机、吸收回收系统三个部分组成，还原罐内过剩还原剂，由旋转吸头吸出，通过管路，离心除尘器，旋风除尘器，返回料仓。

4.2.2.3　还原料的后续处理

所得块状还原料，经过破碎、磁选、重选等工艺过程，分别获得还原所得金属铁和富钛料。

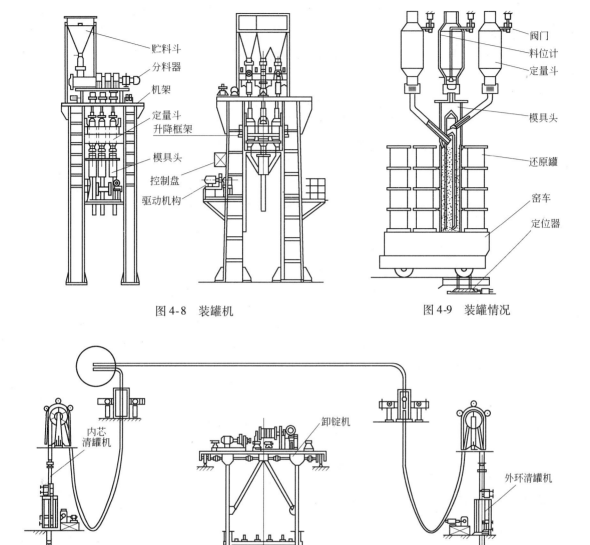

图 4-8　装罐机　　　　　　　　　　图 4-9　装罐情况

图 4-10　卸锭清罐设备

4.2.3　隧道窑直接还原工艺流程

隧道窑用于冶金工业上，始于 20 世纪 30 年代瑞典霍根纳斯公司采用隧道窑直接还原富铁精矿生产高纯海绵铁。随着电炉炼钢的迅速发展，废钢的供应日趋紧张，且来源多，品种复杂，给电炉炼钢带来了较大的技术困难。但电炉炼钢用的海绵铁的质量要求没有粉末冶金用海绵铁那样高，如轧钢铁磷、中低品位铁精矿均可用于生产电炉炼钢用海绵铁。因而，隧道窑的应用更具灵活，成了直接还原的重要选择设备之一。

　　隧道窑生产直接还原铁工艺是将铁原料、还原剂、脱硫剂按工艺要求加工好，按照一定的比例和装料方法，分别装入还原罐中，放在台车上推入隧道窑中，通入煤气点燃，料罐中的原料经预热，在1000～1200℃的温度条件下还原，在保持足够的还原时间和冷却时间后，得到直接还原铁。其工艺流程如图4-11所示。

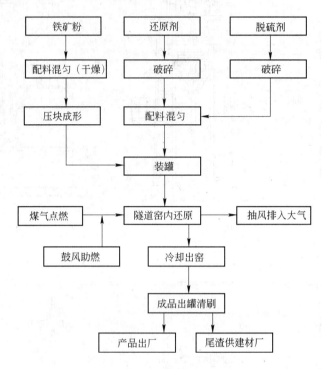

图 4-11　工艺流程图

4.2.4　还原工艺制度

4.2.4.1　原料准备

　　隧道窑生产直接还原铁工艺的原料包括铁原料、还原剂和脱硫剂。各种原料按以下要求进行准备。

　　(1) 铁原料准备：主要是保证铁原料的成分、粒度、含水率满足工艺要求。要求铁原料品位≥67%，S、P及其他有害元素越低越好，粒度<3mm，含水率在6%～10%。如果是两种或两种以上原料，必须充分混匀，使其成分、粒度、水分均匀。目前在昆钢投产的第一条隧道窑直接还原铁生产线的铁原料是精矿与氧化渣，通过配料来满足原料品位要求。

　　(2) 还原剂和脱硫剂准备：还原剂为煤粉，要求煤粉中的固定碳≥75%，S<0.4%，粒度<3mm，水分<10%。该生产线脱硫剂采用石灰，要求石灰的CaO≥80%，粒度<3mm。还原剂和脱硫剂按一定比例（通常脱硫剂占10%～25%）混合均匀备用。

4.2.4.2　成形、装罐、装车

　　将备好的铁原料送入专用的压块机进行压块成形后，与备好的还原剂和脱硫剂混合物分别装入还原罐中。铁料块入罐前要在还原罐底部先装入一定量的还原剂和脱硫剂混合

物，然后放入铁料块，最后再用还原剂和脱硫剂混合物将罐填满并夯实。铁料块放在罐的中央，摆放平稳、周正，确保罐中的还原剂分布均匀。还原罐装入窑车时，罐与罐之间的距离保持均匀，排列整齐，以便在还原过程中热气流顺利通过，各还原罐受热均匀；最上层还原罐加盖密封，上罐与下罐之间也要密封，以防在还原过程中和冷却过程中透氧，形成二次氧化，影响直接还原铁的金属化率。

4.2.4.3 温度控制

窑车进入隧道窑后，首先经过预热段，温度在 200～900℃ 之间，预热段的作用是利用高温还原段逆流过来的热烟气对物料进行加热，使物料的水分蒸发和水化物分解。然后窑车进入高温还原段，温度在 1000～1200℃ 之间，这期间铁的氧化物被 C 和 CO 还原成金属铁，完成还原反应。

4.2.4.4 还原时间

适宜的炉温和还原时间是决定直接还原铁质量的关键。铁氧化物的还原若有一个过程还原时间不够，则铁氧化物中的铁不能充分被还原；若还原时间过长，又影响产量，造成生产率低下。生产实践表明，隧道窑生产直接还原铁还原时间不得少于50h。

4.3 车底炉还原工艺

4.3.1 车底炉还原工艺流程

与"转底炉短流程"相似，"车底炉短流程"炼铁新技术也特别适合于处理钒钛磁铁矿回收钛钒铁资源，目前正在研究的车底炉煤基直接还原工艺流程如图4-12所示。对于车底炉煤基直接还原所需的钒钛铁精矿内配碳球团的制备工艺已在本书2.3.3节中详述，在此就不赘述了。

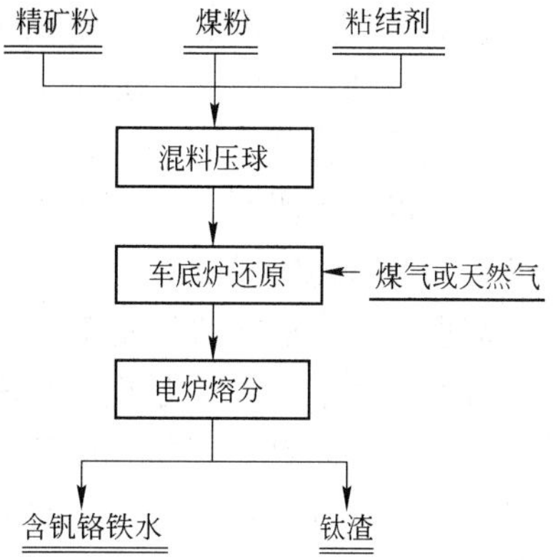

钒钛铁精矿内配碳生球团还要经过烘干才能进入车底炉直接还原。一般采用网带式烘干机，生球尽可能均匀地布在网带上，料层厚度由工艺确定。车底炉尾气从料层穿过，将生球中的水分带走。通过控制废气温度和流量，以及烘干机转速，以达到烘干要求。抗压、落下强度是干球的强度指标，要求单球平均抗压强度3kg以上，平均落下强度应在6次以上。

图 4-12 车底炉新工艺流程

烘干后的球团经电子秤和皮带运送至料仓，再经布料机均匀铺在车底炉的台车上，入炉后经预热、高温直接还原、冷却三个阶段，完成整个直接还原过程。

该工艺流程除拥有直接还原的共同特点外，还具有如下优点：（1）在还原过程中由于炉车移动而炉料不动，可解决回转窑或竖炉还原时炉料粘接、结圈等问题；（2）可调整喷入炉内燃料（可以是煤粉、煤气或油）和风量，能准确控制炉膛温度和炉内气氛的优点。

无论从资源战略、环保要求，还是经济效益考虑，都是大势所趋，对促进钒钛磁铁矿综合利用水平提高具有重要意义。

4.3.2　车底炉还原工艺主要参数

（1）在车底炉中间试验装置上还原钒钛铁精矿，DRI 的金属化率达 93% 以上。

（2）还原后的高温金属化球团直接热装进入电炉进行熔化分离，通过控制电弧炉冶炼工艺，所得含钒生铁、熔分钛渣实现良好分离，得到的熔分钛渣和生铁全部被下一道工序利用。

（3）可获得含 TiO_2 大于 50% 的钛渣，该钛渣可作为硫酸法钛白原料。

（4）还原温度：1200 ~ 1400℃。

（5）使用燃料：天然气/发生炉煤气。

（6）炉内气氛：还原气氛。

（7）单位能耗：<1000（kcal/kg）

4.4　回转窑还原工艺

用于生产炼钢原料的煤基回转窑可分为以下几种：（1）德国鲁奇法（SL/RN）；（2）印度阿卡尔法（AccAR）；（3）德国克房伯法（Krupp—Codir）；（4）印度西尔法（Sill）；（5）英国戴维法（DRC）；（6）印度梯第尔法（TDR）。

4.4.1　回转窑的结构及工作原理

4.4.1.1　回转窑的结构

回转窑是一个倾斜放置的旋转圆筒体，其内壁上镶砌有耐火砖，回转窑的规格用其筒体内径有效长度来表示。回转窑的窑体是通过其轮带由托轮支撑；由液压挡轮控制整个窑体的轴向窜动；窑体上的动力传动是由减速器上的小齿轮（俗称小牙轮）驱动窑体上的大齿轮（俗称大牙轮），从而带动整个窑体的转动。减速器由直流电动机或变频交流电动机驱动，以便于调速。回转窑要求有两组动力驱动装置，一个主驱动装置，另一个辅助驱动装置，以备停电时所用（在停电时，马上由备用发电机发电，通过辅助驱动装置使回转窑缓慢转动，俗称"打慢车"，这样能够防止回转窑筒体的热变形）。回转窑正常工作时，都在负压下工作，为了防止漏风，窑头和窑尾都必须设有密封装置，其密封程度的好坏直接影响还原效果。常用的密封装置类型有迷宫式和接触式两大类，每一类有径向密封与轴向密封之分。要求回转窑的窑尾比窑头有更高的密封程度。回转窑的主体结构见图4-13。

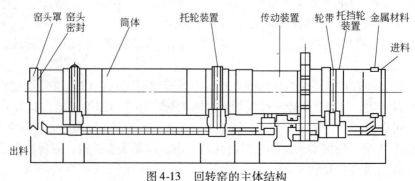

图 4-13　回转窑的主体结构

4.4.1.2　回转窑工作原理

A　窑内炉料运动

窑体旋转很慢，由钒钛磁铁矿、细粒煤及脱硫剂组成的物料，在摩擦力作用下被窑体带起，超过物料运动角后，在重力作用下，自堆尖滚落到底脚，因窑体倾斜，物料也前移一小段距离。同一回转窑内，物料在窑内的停留时间与填充率成正比。提高填充率有利于物料加热和还原，提高单位窑容产量。近年来国外作业窑的填充率已提高到20%～25%。

回转窑内物料运动的特征是物料连续不断地翻滚、物料受热均匀、传热阻力小、铁矿物还原均匀，可防止或减轻再氧化，以及窑壁磨损小等。力学分析表明，炉料填充角大于120°（炉料填充率大于20%）后，窑料不再出现滑移现象。试验证明，提高煤比，也有利于防止滑移。

含铁原料与还原煤的粒度、形状和比重差异形成了物料运动中的偏析现象。粒度大、形状规则（近球形）、比重大的炉料，随窑体转动迅速滑落到底部形成物料断面外层；粒度小、形状不规则和比重小的料将构成物料的内心，如图4-14所示。

B　窑内气体流动

还原性回转窑按气流与物料流向有逆流和顺流之分。顺流窑的优点是：（1）挥发分在高温区析出，能得到较好的燃烧和利用；（2）窑内物料加热迅速，有利于提高设备能力；（3）物料加热均匀，不会在窑中后部形成高温点导致窑衬结团。顺流窑的最大缺点是废气温度高、热效率低，给设备维护和操作带来困难。

目前多数直接还原回转窑均采用逆流窑。为了改善窑内温度分布，扩大高温带和提高能量利用，多在窑身长度方向设置窑中送风管；有的还设了窑身燃料烧嘴，可有效地燃烧还原煤释放出的挥发分、还原产物 CO 和部分还原煤，能明显改善窑内温度分布扩大高温区长度。

高挥发分还原煤从窑尾加入时，挥发分大量析出来不及充分燃烧放热。一方面可燃物被浪费，另一方面将造成废气处理系统内的烟炭沉积和焦油析出，以致引起爆炸。近来许多工艺都将部分高挥发分还原煤改从窑头排料端喷入，并在窑尾端设置埋入式送风管（见图4-15），从而使挥发分得以高温析出并在窑内充分燃烧，改善了窑内温度分布和能量利用，也提高了窑尾温度，改善了入窑料的加热，提高了设备生产能力。

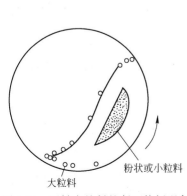

图4-14　回转窑炉料的断面偏析现象

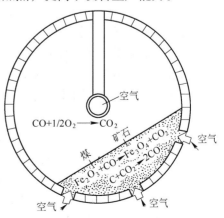

图4-15　窑身二次送风管及窑尾埋入风嘴送风示意图

C　窑内燃烧

要提高回转窑生产效率，除了提供充足的热量外，还应尽量扩大高温带长度。

煤粉不仅有良好的反应性，也有高的燃烧性。由于窑内料层表面同二次风接触，褐煤燃烧性好，会使煤耗增大，钒钛磁铁矿球团得不到足够煤量的还原与保护，金属化率将会下降。由此可见，用褐煤还原钒钛磁铁矿球团时，提高料层填充率就十分重要。料层上部空间不含 O_2 时，金属化率基本不受填充率影响，不管料层厚薄，金属化率都比较高。一旦料层上部空间有 O_2 时，由于燃烧性好的作用，金属化率就会下降，含 O_2 越多，下降越剧烈。若提高填充率就能抑制含 O_2 气氛的不利影响。

提高填充率对抑制褐煤燃烧性好的不良影响有积极作用，而控制一、二次风量和窑内空间氧化气氛，则可减少燃烧性所起作用的条件。

D　窑内热交换

回转窑内热气流以辐射和对流方式加热物料和窑衬，窑衬所得热量又通过辐射传给物料、以传导方式将热量传给与之接触的物料。

E　窑内温度分布

提高温度会促进窑内铁氧化物还原反应进行，但窑内最高作业温度的确定必须考虑到钒钛磁铁矿软化温度和还原褐煤灰分软熔特性。一般情况下，钒钛磁铁矿矿回转窑直接还原的最高作业温度应低于原料软化温度和灰分软化温度 $100 \sim 150℃$，选择最高操作温度为 $1030 \sim 1050℃$，同时为保证获得 85% 以上的金属化率，应保持 1000℃ 以上的高温区占窑长的一半左右。

在允许温度下，扩大高温区长度有利于窑内钒钛磁铁矿的还原，可有效提高生产率。为此，还原回转窑采取了窑中供风或供燃料的手段，借助于改变供入空气量或燃料量，调节窑内可燃物的燃烧，以使温度分布更加理想。

F　回转窑脱硫

入窑硫少量由铁矿石带入，大量（60% ~ 90%）是还原剂和燃烧煤带入的。钒钛磁铁矿中硫主要呈 FeS_2、FeS 和磁黄铁矿形态。矿石入窑后，随着温度升高（$300 \sim 600℃$），FeS_2 开始分解，900℃ 分解激烈进行。煤中硫的形态复杂，多为有机硫、硫化物（FeS_2，FeS，磁黄铁矿）和硫酸盐（$CaSO_4$，$Fe_2(SO_4)_3$）三种形态。由于加煤方法和条件不同，窑内行为也有差异。就多数煤粉来说，含硫多在 1.5% 以上。高硫煤粉的使用，有三种途径：用碱性灰分褐煤控制海绵铁含硫量；用酸性灰分褐煤配用碱性灰分煤粉控制海绵铁含硫量；酸性灰分褐煤加脱硫剂。通常认为还原钒钛磁铁矿时，回转窑用白云石或脱硫效果好，可使海绵铁含硫量小于 0.07%。试验证明，白云石焙烧后具有较高的强度，吸硫后的白云石易于和海绵铁分离，因此比容易粉化并粘附在海绵铁表面的石灰起到更好的脱硫效果。

G　结圈的防止

回转窑直接还原的最大故障是在海绵铁生产中回转窑的结圈问题，一旦结圈，窑内物料运动、气流运动、热工制度、还原过程和各种反应均遭破坏，严重时将被迫停窑。分析结圈成团及结圈物的组成发现，炉衬上的黏结物主要是煤灰软熔或煤灰与还原过程铁氧化物粉末生成低熔点化合物所引起的。实际测温还发现，煤粉燃烧的火焰温度高于回转窑操作温度 $70 \sim 100℃$，软熔点低的煤灰很可能就在这火焰温度下熔融，并粘结在煤灰所落下的炉衬或二次风管上。铁矿粉末与煤灰混合，其熔点比煤灰低 40~80℃，因而在矿粉较多时，形成硅酸盐类型低熔点粘结物，是结圈的又一个重要原因。在钒钛磁铁矿回转窑直接还原工艺中，避免结圈的主要经验是操作温度低于煤灰软熔性温度，减少窑内炉料的粉化率。通常作业温度应低于原料和还原煤灰分软化温度 100~150℃，最高操作温度为 1030~1050℃。

4.4.2 回转窑还原工艺流程

4.4.2.1 工艺流程

回转窑作业时窑体按一定转速旋转，以细粒煤（0~3mm）作还原剂，0~3mm 的石灰石或白云石作脱硫剂，将钒钛磁铁矿精矿粉、还原剂、脱硫剂按本书第 2 章所述钒钛磁铁矿造球及干燥方法所制备的球团由窑尾加料端连续加入，因窑体稍有倾斜（4% 斜度），在窑体以 4r/min 左右速度转动时，炉料被推向窑头行进。排料端设置主燃料烧嘴和还原煤喷入装置，提供工艺过程所需要的部分热量和还原剂。窑头外侧有烧嘴燃烧燃料，燃烧废气则向窑尾排出，炉气与炉料逆向运动，炉料在预热段加热，蒸发水分及分解石灰石，达到 800℃ 的温度后，在料层内进行固体碳还原，其工艺流程如图 4-16 所示。

回转窑内的物料在热气流的加热下被干燥、预热并进行还原反应。如图 4-17 的回转窑还原过程所示，还原性回转窑按其内部物料各个阶段物理化学过程的不同可分为预热带和还原带两部分。在预热带物料没有大量吸热的反应，水当量小，虽然热

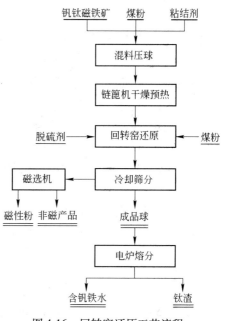

图 4-16 回转窑还原工艺流程

速度比较小，但物料温升却比较大。由于铁矿石与还原剂密切接触，还原反应约在 700℃ 开始。物料进入还原带后，还原反应大量进行，反应产生的 CO 从料层表面逸出，形成保护层，料层内有良好还原气氛。料层逸出气体与空气燃烧形成稳定的氧化或弱氧化气氛。因此回转窑还原有两种不同的气体。窑内还原反应分为两步：

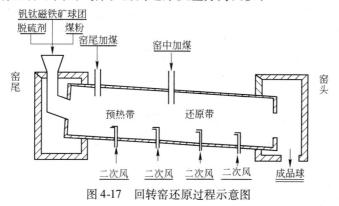

图 4-17 回转窑还原过程示意图

$$CO_2 + C \Longrightarrow 2CO \qquad (4\text{-}1)$$
$$F_nO_m + mCO \Longrightarrow nFe + mCO_2 \qquad (4\text{-}2)$$

气化反应在高炉冶炼过程是不希望的,而回转窑过程则是不可少的,进行得越快,越有利于窑内还原反应。在不致产生结圈的前提下,窑内维持较高的温度,不仅有利于燃烧反应快速进行,而且使其窑头喷入的粉煤,窑中加入煤的燃烧生成的 CO 浓度增加,气化反应得以顺利发展,有利于窑内钒钛磁铁矿的还原反应。由于气化属增压反应,窑内压力增加对反应不利,所以,当回转窑为了防止大量吸入冷空气而采用正压操作时,其正压值应当尽量的小,做到两兼顾。

煤炭资源在世界能源分布中占很大比例,许多国家都在大力开发以煤为还原剂的固体还原剂法,这种方法的主导工艺是煤基回转窑直接还原法。褐煤是回转窑直接还原的较佳能源,攀枝花钒钛磁铁矿直接还原新流程以褐煤为能源,有利于回转窑顺行,强化及降低煤耗,并且原燃料均立足于西南地区,经济上也是合理的。

4.4.2.2　还原工艺主要特点

回转窑直接还原工艺除了拥有直接还原工艺技术共同特点外,还具有如下优点:

(1)回转窑具有较大的燃烧空间和热力场,可以供应足够的空气,是一个装备优良的燃料燃烧装置,能够保证燃烧的充分燃烧,可以为钒钛磁铁矿的还原提供必要的热量。另外,回转窑具有比较均匀的温度场,可以满足钒钛磁铁矿还原过程中各个阶段的换热要求。

(2)钒钛磁铁矿回转窑直接还原工艺与传统的高炉炼铁工艺比较,其设备简单,投资少,效益明显,适用于地方钢铁工业,弥补了高炉–转炉生产工艺的不足。

(3)与竖炉和流化床反应器相比,回转窑在使用铁矿石的物理性质方面比较灵活。通常都采用球团与块矿,但也可以以粉矿运行。

这些特点使得回转窑直接还原钒钛磁铁矿工艺具有迅速发展的可能。将"钒钛磁铁矿回转窑煤基直接还原-电炉熔分-熔分渣提钛"是综合利用铁、钒、钛的新流程之一。西南地区丰富的水电资源与煤储量,为这一流程提供了足够的能源条件。

4.4.3　钒钛磁铁矿的回转窑还原工艺

4.4.3.1　钒钛铁精矿回转窑直接还原

钒铁磁铁矿回转窑直接还原-电炉熔分炼钢流程是 20 世纪 70 年代中期开始重点研究的一个钢铁冶炼新流程。该流程的主要目标,一是为了以煤取代焦炭作为炼铁的能源;二是为了综合提取钒钛铁精矿中的铁、钒、钛。攀研院自 1977 年年末开始进行试验研究,在多次试验积累了经验的基础上,于 1985～1988 年间,在建成的新流程中间试验基地的 $\phi 2 \times 30m$ 回转窑上,先后进行了三次不同工艺方案的中间试验。1989 年 3 月开始转入试生产,共进行了七个月之久,并作了一系列工艺技术和设备方面的改进,取得了设备运转比较正常,工艺操作相当稳定,炉况顺行,原燃料消耗及产品单位成本大幅度降低的可喜成果。下面针对钒钛磁铁矿回转窑还原的特点及有关工艺设计中的一些问题进行简要的分析。

　A　还原工艺的合理性

由于钒钛磁铁矿矿物结构及成分的特殊性,使其在还原时具有不同于普通矿的一些特点。

a　金属化率的阶段性

钒钛磁铁矿的还原是一个复杂的过程，尤其在回转窑内，由于还原剂有气态的 CO、H_2（H_2 主要来自煤挥发物和水）以及固态的 C，而且，CO 的还原作用又受煤的气化反应的制约。这就更增加了过程的复杂性。从热力学和动力学的分析可知，在回转窑的特定条件下，C 的还原作用是较为次要的，可以将窑内铁氧化物的还原过程简化为还原剂主要是 CO 和 H_2 的还原作用。

据已有的研究，钛磁铁矿是磁铁矿（Fe_3O_4）、钛铁晶石（$2FeO \cdot TiO_2$）、镁铝尖晶石（$MgO \cdot Al_2O_3$）、钛铁矿（$FeO \cdot TiO_2$）密切共生的复合体。铁分别贮存于较易还原的 Fe_3O_4 和较难还原的 $2FeO \cdot TiO_2$ 及 $FeO \cdot TiO_2$ 中。难还原的铁矿物中的铁约占全铁的三分之一，要还原这部分铁氧化物，在一定温度下，要求还原气有更高的质量。这些含铁物相的还原历程可以简略的表示如图 4-18 所示。

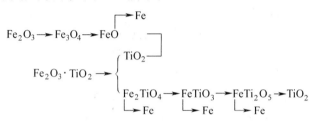

图 4-18　钒钛铁精矿含铁物相的还原历程

对上述还原历程进行热力学计算，得出含铁矿物相还原的难度按下列顺序增加：

$$Fe_2O_3 \longrightarrow Fe_2TiO_5 \longrightarrow Fe_3O_4 \longrightarrow FeO \longrightarrow Fe_2TiO_4 \longrightarrow FeTiO_3 \longrightarrow FeTi_2O_5$$

在一定的还原温度下，对于一定的球团矿成分，可以定量地计算出球团矿达到不同金属化率对还原气质量的最低要求。下面以回转窑试生产使用的预热氧化球团（成分见表 4-1）为例，采用有关文献的热力学计算方法和数据加以计算（还原温度取 1050℃）。将各阶段的金属化率与所要求的平衡 CO_2/CO 值列于表 4-2。将表 4-2 数据作成图 4-19。

表 4-1　试生产用预热氧化球团成分　　　　　　　（%）

TFe	MFe	FeO	Fe_2O_3	TiO_2	V_2O_5	SiO_2	Al_2O_3	CaO	MgO	S	P	C
55.00	0.125	2.59	72.61	13.19	0.68	1.95	2.76	1.12	1.31	0.029	0.021	0.052

表 4-2　球团金属化率与所要求的平衡 CO_2/CO 值

球团金属化率/%	CO_2/CO 值	被还原的物相
0 ~ 67.06	0.4733	"自由"的 FeO
67.06 ~ 83.67	0.2102 ~ 0.2060	含镁钛铁晶石（$N_{FeO} 0.98 ~ 0.96$）
83.67 ~ 92.17	0.0933 ~ 0.0904	含镁钛铁矿（$N_{FeO} 0.96 ~ 0.93$）
92.17 ~ 100	0.0378 ~ 0	含铁黑钛石（$N_{FeO} 0.93 ~ 0$）

由图 4-19 可知，在 1050℃温度条件，钒钛磁铁矿球团的还原比普通铁矿还原多了三个台阶，要求条件苛刻得多。含钛铁矿物的还原成为球团达到高金属化率的限制环节，它

们所要求还原气的 CO_2/CO 平衡值比还原"自由"的浮氏体要低得多，要达到 67.6% 金属化率是轻而易举的。

但欲超过此值时，则要求气体质量（CO_2/CO 值表示）有一个飞跃，即含钛铁矿物要求金属化率大于 85%，就要求还原中的 CO_2/CO 值为 0.09 左右，而且由于铁矿物在还原过程中还要生成含镁、锰等元素的固溶体，因此对气体质量要求更高。

b 还原温度

要求还原温度高是钒钛矿还原的另一个显著特点。在回转窑内，碳的气化反应是必不可少的，进行得越快，越有利于窑内还原反应。

钒钛磁铁矿回转窑直接还原，要想得到高金属化（金属化率 >84%）产品，已经要求还原到含镁钛铁矿这一步，此时要求平衡的 CO_2/CO 值必须在 0.0933

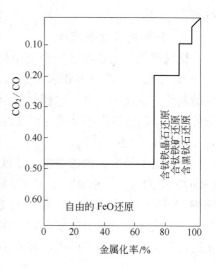

图 4-19　1050℃ 时球团金属化率与平衡 CO_2/CO 值的关系

以下，且要求高的还原温度，然而回转窑的作业温度取决于还原剂灰分软化温度和矿石软化温度，不可能任意提高。如若只要求产品金属化率到 70% 左右，则对还原气的质量和温度要求均可以放宽。还原条件容易满足，易取得好的指标。因此，钒钛磁铁矿选择预还原工艺是合理的。

B 回转窑最佳温度控制

回转窑正确温度的控制，是维持回转窑正常作业的必要条件。最佳的温度控制，不但可以保证回转窑正常运行，而且可以使回转窑生产获得较高产量和较高的金属化率得产品。所谓窑内最佳温度控制是指既能保证球团在固体状态下，尽可能的顺利进行还原，而又不至于产生结圈，且又能获得最好的技术经济指标的温度分布。

对于不同的矿种和煤种组合，有不同的最佳温度分布曲线。可以通过试验和实践研究获得。在生产操作中按此曲线进行温度控制。

回转窑试生产时，几种有代表性的温度分布曲线见图 4-20。图 4-20 中的曲线 1 为采用窑头喷褐煤，尾加少量烟煤时的窑内温度分布；曲线 2 为采用从窑头混喷褐煤与烟煤方案时的温度分布；曲线 3 为采用窑头全喷烟煤方案时的温度分布。

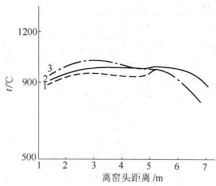

图 4-20　几种有代表性的温度分布曲线

C 金属化球团的冷却

冷却是保证还原后的金属化球团不再氧化极其重要的环节。试生产时采取了间接水冷法，即将水喷洒在冷却剂的外壳上将热量带走，金属化球团被冷却到 100℃ 以下。但是由于用煤量过高，冷却筒负荷大，在冷却筒体上严重结垢，因此冷却效果不理想。另外，冷却筒漏风，在第三次中间试验采集的 11 个过程样中，从窑头到冷却筒排料端发生再氧化现象的就有 6 个样，平均金属化率降低值为 5.28%。为此，曾试验采用直接打水冷却的方法，但由于未完全掌握此项技术，其效果并不满意，有待继续试验研究。

打水直接冷却的内冷技术可大大缩小冷却筒的尺寸和减少用水量。另外，直接冷却使筒内产生大量蒸汽，筒内易维持正压，能防止空气的吸入，减少金属化球团再氧化的机会。因此，内冷技术是有希望的。

其次，南非邓斯沃特钢铁公司狄科尔法直接还原厂采用直接喷水和间接喷水相结合的冷却方式，有如下优点：

（1）生产的海绵铁具有很强的抗再氧化性和抗自身氧化性，因为直接还原铁表层与蒸汽接触，形成了一层薄薄的 Fe_3O_4 保护层；

（2）海绵铁在回转冷却筒中只需停留较短的时间便能达到冷却要求。因此，可将海绵铁的破损粉化现象减到最小限度，也就可以缩短冷却筒的长度；

（3）冷却时所造成的金属化率降低的缺点可由上述有利因素补偿。

D　金属化球团的磁选分离

金属化球团的磁选分离，也是不可忽视的一环，一般情况下，都应采用先筛分后磁选的流程，这样效果好一些。试生产车间采用的二次磁性滚筒分离和一次固定筛分流程。磁选、筛分效率均低。非磁性粉中含 TFe 高达 12.3%，且筛上、筛下粒度差别不明显，非磁性粉含 $C_{固}$ 高达 45.58%，Fe 和 $C_{固}$ 的损失严重。显然，该流程不合理，应彻底改造。参考国内外成功的产品筛选技术，借鉴南非邓斯沃特钢铁公司科狄尔法直接还原厂产品筛选方法，推荐先筛分、后磁选、再风选的流程。

4.4.3.2　钛精矿回转窑还原－磁选分离制备富钛料

钛铁矿是生产金属钛和钛白的重要原料。但是，因其品位低，直接用于制取金属钛和钛白时生产率低，"三废"量大、生产成本高，因而常常将其预先富集成高品位的富钛料。已经研究和提出的钛铁矿富集方法很多，其中应用最广、形成较大工业生产规模的是电炉法冶炼。目前国外电炉法大多采用密闭电炉，而我国则沿用敞口电炉，由于技术装备水平落后，炉况不稳，生产成本高，而且电力资源又有一定限制，电炉法一直处于停滞状态。因此研究开发具有中国特色的钛精矿制取富钛料新工艺，对促进我国钛工业的发展将有着重要的现实意义。

中南大学和攀钢钛业公司近年来进行了这方面的研究，成功地开发钛精矿直接还原法制取富钛料新工艺。该工艺采用回转窑直接还原技术，借助于添加剂的催化作用，使钛精矿中铁氧化物充分还原并能使铁晶粒长大到可以机械分选的必要粒度，其特点是以劣质煤为能源，电耗少、成本低、投资少，设备均为常规设备，不需引进，易于掌握，从而为攀西钛精矿的综合利用开辟了一条新的可行途径。

A　原料性能

浮选钛精矿的化学成分见表4-3，粒度见表4-4。还原煤的物化特征见表4-5，粘结剂的成分见表4-6。

表4-3　浮选钛精矿的主要化学成分　　　　　　　　　　　　　（%）

成分	TiO_2	TFe	FeO	V_2O_5	SiO_2	Al_2O_3	CaO	MgO	MnO	S	P
含量	46.58	30.59	34.84	0.48	3.11	1.33	0.64	5.94	0.121	0.106	0.015

表4-4　浮选钛精矿的粒度组成

粒度/mm	+0.076	-0.076+0.045	-0.045
含量/%	0.5	29.35	70.15

表4-5　还原煤的主要物化特性

工业分析/%				灰分熔点/℃		
W	A	V	C	DT	ST	FT
10.72	11.03	30.48	46.97	1160	1200	1300

反应性/%						
750℃	800℃	900℃	950℃	1000℃	1050℃	1100℃
4.07	4.65	22.11	40.92	64.30	83.25	93.11

表4-6　复合粘结剂的主要成分　　　　　　　　　　　　　　（%）

成　分	粘结成分	其他成分							
		SiO_2	Al_2O_3	CaO	MgO	Fe_2O_3	P	S	$C_固$
含　量	42.60	14.19	6.15	4.76	0.20	4.02	0.04	0.03	28.16

B　工艺流程

工艺流程如图4-21所示，工艺过程主要包括预热球团制备、预热球团直接还原和金属化球团的磨碎及磁选分离。

（1）预热球团制备。混合料经过配料、混匀，经润磨机润磨后，再造球；造球在圆盘造球机上进行。根据造球试验和球团干燥预热扩大试验结果可知，润磨能明显提高生球强度，适宜的混合料润磨时间为10min，粘结剂用量为1%，添加剂（添加剂是一种无机化合物，它不含S、P等有害杂质，在钛精矿球团还原过程中能促进铁氧化物的还原和铁晶粒的长大）为5%，适宜的造球工艺参数水分为8.5%；适宜的干燥温度为150℃；风速为0.55m/s；料高为100mm；时间为200min；较佳的预热温度为70℃，料高为100mm，时间为15min。

（2）预热球团直接还原在回转窑中进行。

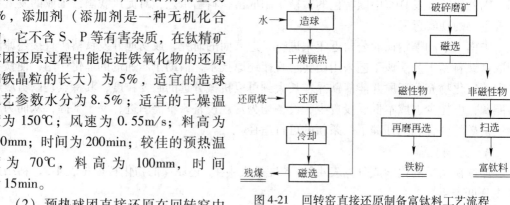

图4-21　回转窑直接还原制备富钛料工艺流程

（3）磁选分离。金属化球团经颚式破碎机及对辊破碎机破碎至3mm以下，然后在球磨机内湿磨至-0.076mm占95%左右。采用筒式磁选机分离，一段磁选磁场强度为159.156kA/m，扫选磁场强度为254.650kA/m。

C 影响因素

影响因素主要包括以下三种：

(1) 球团焙烧对还原过程的影响。焙烧球团比不焙烧球团还原效果好，金属化率高，可获得较高的富钛料品位。其主要原因：

1) 钛精矿球团焙烧后，磁铁矿 Fe_3O_4 被氧化成赤铁矿 Fe_2O_3，Fe_2O_3 比 Fe_3O_4 更易还原。同时，使钛铁矿共晶晶格产生畸变。降低了 Fe 与 TiO_2、MgO 等共晶体组元间的连接力。而 Fe_2O_3 的晶粒长大还有利于还原铁的富集，有利于提高还原速度及还原后铁粒的长大。

2) Fe_3O_4 被氧化成 Fe_2O_3 时体积缩小，留下空隙有利于 CO 及 CO_2 气体的内外扩散及铁氧化物的迁移。

3) 添加剂 KS 的结晶水蒸发、渗透及扩散到铁氧化物共晶体中。在下一步还原时可加快铁氧化物的还原，促进铁晶粒的长大。

不同球团对球团还原效果的影响见表4-7。

表 4-7 不同球团实验条件及结果

球团种类	工艺条件			金属化球团			富钛料
	C/Fe	还原时间/min	填充率/%	金属化率/%	TFe/%	MFe/%	TiO_2/%
预热球团	2.7	210	16	90.20	35.20	31.75	72.67
冷固结球团	2.7	210	16	72.52	33.73	24.46	59.97
预热球团	2.2	180	20	91.60	35.15	32.20	74.89
	2.2	210	20	92.10	35.05	32.28	74.33
	2.2	240	20	91.90	35.20	32.38	74.05
冷固结球团	2.2	360	20	91.08	35.10	31.97	73.10
	2.2	390	20	91.28	35.20	32.13	73.19
	2.2	420	20	91.52	35.25	32.26	73.77

(2) 还原制度对球团还原过程的影响。攀枝花钛精矿是一种难还原的矿石，主要是铁与钛结合并固溶有部分 MgO。因而它的还原是一个复杂的过程。钛精矿球团的还原比普通矿的还原条件要求要苛刻得多。攀枝花钛精矿还原所需温度要高，还原时间要长，要求还原气的质量以阶梯式上升。因此，通过加添加剂来降低还原温度、促进钛铁矿的还原，同时为钛精矿球团还原提供可操作的温度制度。

1) 回转窑还原钛精矿球团。虽因动力学因素的增加有利于还原，但窑内空间存在的氧化性气氛却对还原不利，因而当窑温升至 900℃ 时，钛精矿球团中的 Fe_2O_3 开始还原，此时窑内气相应保持还原气氛，有利于球团初始还原顺利进行。

2) 加快升温速度。在钛精矿球团还原没有形成金属硬壳前，尽快升温至高温区，有利于球团还原过程的内外扩散。严格控制风、油比，即进风量能保证油的燃烧提供的热量达到快速升温要求，又要保证无过剩空气对窑内气相的不利影响。

3) 钛精矿球团还原要有足够长的高温恒温时间。同时应充分利用高温热力学因素在窑内料层内气相有高还原势的特点，延长还原时间，还原效果更好，能使金属化率大大提高。不同的加煤制度及还原时间对还原过程的影响分别见表4-8和表4-9。

表4-8 不同加煤制度对还原过程的影响

入窑温度 /℃	加煤制度				金属化球团			富钛料 TiO$_2$/%
	与球团同时加煤	900~1050℃加煤	1050~1100℃加煤	1100℃加煤	金属化率/%	TFe/%	MFe/%	
1050	0	50	20	30	90.79	35.06	31.85	73.05
1050	10	40	20	30	90.97	35.21	32.03	73.30

表4-9 不同还原时间对还原过程的影响

工艺条件				金属化球团			富钛料 TiO$_2$/%
C/Fe	还原温度 /℃	恒温还原时间/min	窑内停留时间/min	金属化率/%	TFe/%	MFe/%	
2.2	1100	150	260	89.74	35.29	31.67	72.99
2.2	1100	180	290	90.17	34.34	31.47	73.31
2.2	1100	210	320	92.01	35.31	32.49	74.24
2.2	1100	180	230	91.60	35.15	32.20	73.89
2.2	1100	210	320	92.10	35.07	32.28	74.33
2.2	1100	240	370	91.99	35.20	32.28	74.05

（3）填充率对球团还原过程的影响。回转窑的填充率对球团的还原有较大影响。由于窑内空间气相中 CO_2 和 H_2O 都是氧化性气体，球团在窑内只有在料层内具有较高还原气氛条件下才能进行还原。因此，应尽量减少单位重量物料暴露在窑内空间的时间，增加物料在窑内的占有体积，即提高填充率，最大限度地利用料层气相的高还原优势，限制空间气氛氧量对还原的不利影响；另外，填充率增加到17%~20%，球团在窑内的停留时间延长，横断面的增加与高还原气氛接触增大，有利于还原，使金属化率随之增加，产量（窑的利用系数）也大幅度提高。填充率对球团还原过程的影响见表4-10。

表4-10 填充率对球团还原过程的影响

工艺条件			金属化球团			富钛料 TiO$_2$/%
C/Fe	恒温还原时间/min	填充率/%	金属化率/%	TFe/%	MFe/%	
2.2	210	16	90.97	35.21	32.03	73.30
2.2	210	20	92.01	35.31	32.49	74.24

4.5 竖炉还原工艺

4.5.1 概述

自20世纪30年代以来，先后有维伯尔法、阿姆科（Armco）法、普罗费尔（Purofer）法、KM法、米德莱克斯（Midrex）法、NSC 和希尔（HYL）法等竖炉直接还原法问世。

竖炉法目前占直接还原铁产量的90%左右，在直接还原工艺中占主导地位。以上竖炉直接还原法中，仅 KM 法用煤做还原剂，采用外热式间接加热铁矿石的方法生产直接还原铁。其他竖炉法都用天然气先在制气炉中制成以 CO 和 H_2 为主的高温还原气，热还原气进入竖炉加热和还原铁矿石。热还原气从竖炉的还原区下部进入竖炉，与从上向下的铁矿石逆流运行。还原气和铁矿石能很好地进行热交换和还原反应。还原好的直接还原铁在竖炉下部的冷却区，用冷却气进行直接还原铁的冷却。冷的直接还原铁通过排料机构出炉。若想用热直接还原铁炼钢，竖炉可不设冷却区，热直接还原铁可用密封罐装运到炼钢车间去冶炼；直接还原铁若出售给很远的用户，则采用热直接还原铁压块技术或直接还原铁钝化技术以降低直接还原铁再氧化的能力。

　　Midrex 和 HYL 气基竖炉是应用最普遍、发展最成熟的直接还原工艺。这两种工艺目前已开发出了不依赖天然气的生产技术，可直接使用 COREX 工艺产生的煤气、煤制气、焦炉煤气等进行生产，这扩大了竖炉工艺的使用范围。

　　表 4-11 列出了几种竖炉法工艺特征及技术经济指标。

表 4-11　竖炉法工艺特征和技术经济指标

方 法	工艺特征和现状	规模、产品质量、能耗
维伯尔法	用焦炭电热制气，3 座竖炉构成一组生产装置，已停产	一组装置最大规模为 24000t/a； 产品金属化率 88% ~ 90%，含 C 约 0.5% ~ 1.0%； 总能耗 8.75 ~ 10.57GJ/t； 其中焦炭 259 ~ 450kg/t， 电耗 1000kW·h/t
KM 法	外燃式，用煤作还原剂，烧煤气或油，炉顶有回收煤挥发分的装置，仅缅甸有生产厂	单孔还原室能力 6600t/a； 缅甸生产厂每组炉子能力 20000t/a；产品金属化率 90% ~ 95%，含 C 约 0.8% ~ 1.0%； 煤耗 0.565t/t； 电耗 73.9kW·h/t； 油耗 166.5kg/t
阿姆科法	用天然气竖炉，已停产	单炉能力 300000t/a； 产品金属化率 92% ±2%，含 C 约 2.4%； 总能耗 11.85GJ/t； 电耗 37kW·h/t
普罗费尔法	用天然气，蓄热式转化炉制气，料罐热装送炼钢，已拆除	单炉最大能力 360000t/a； 产品金属化率 91.7%，含 C 约 1.4%； 能耗 12.8GJ/t
NSC 法	用天然气，高压操作，压力 490.3kPa，已关闭	单炉最大能力 600000t/a； 金属化率 92% ~94%，含 C 约 1% ~2%； 能耗 12.5GJ/t； 电耗 90kW·h/t
米德莱克斯法（Midrex）	用天然气，连续催化法转化制气，1992 年此法产量占世界直接还原铁产量 64%	最大单炉能力 1000000t/a； 金属化率 89.6% ~95.3%，含 C 约 1% ~2.5%； 能耗 10GJ/t； 电耗 65kW·h/t
希尔（Ⅲ）法（HYL）	用天然气，以蒸汽连续催化转化制气，高压操作（490kPa），炉顶气中 CO_2 可脱除，也可不脱除，有两种工艺方法	最大单炉能力 800000t/a； 金属化率 93%；含 C 约 1.3% ~4.0%； 能耗约 10.0GJ/t

4.5.2 竖炉炉型及结构

竖炉主要由烟罩、炉体钢结构、炉体砌砖、导风墙和干燥床、卸料器、供风和煤气管路等构造组成，分为上料系统、还原段、冷却段、排料系统、尾气净化系统等。本书仅以世界上工业应用已经成熟的 Midrex 竖炉与 HYLⅢ 竖炉为例，介绍竖炉的结构，两种竖炉示意图如图 4-22 和图 4-23 所示。

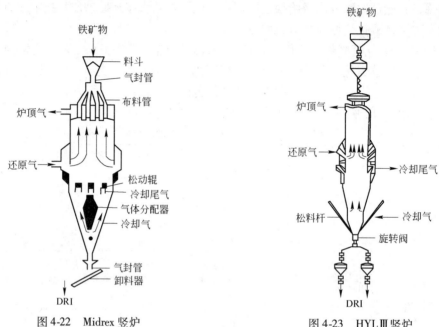

图 4-22   Midrex 竖炉   图 4-23   HYLⅢ 竖炉

上述两种竖炉技术有相似的地方，也有不同之处：（1）两个竖炉均可使用主要由天然气裂解生产出来的还原气，且还原气中 CO + H₂ 均在 88% 左右，也可使用煤气、煤制气、焦炉煤气作还原气。（2）两种竖炉均是逆流式移动床直接还原反应器，铁矿石从炉顶加入，自上而下运动，而还原气从竖炉中部通入，由下向上流动。

以天然气做能源的气体还原竖炉，有相同的工艺特征，主要有以下 4 点：

（1）还原气制备。即是把天然气转变成高温的 $CO + H_2$ 还原气。一般要求还原气的氧化度 <5%，氧化度 = $(H_2O + CO_2) / (H_2O + CO_2 + H_2 + CO) \times 100\%$。

（2）还原竖炉。竖炉分几区，上部为还原区，铁矿石在此区被热还原气加热和还原成直接还原铁；中间部分是过渡区，用以分隔还原区和冷却区，避免冷却气和还原气相混；下部称冷却区，用冷却气将热的直接还原铁冷却到较低温度，以免热的直接还原铁在空气中发生再氧化。

（3）炉顶气和冷却气的净化。从炉顶出来的气体，要经过洗涤除尘，对于蒸汽转化法，竖炉还要脱除 CO_2，而顶气转化法的竖炉可不脱除 CO_2。净化后的炉顶气返回到制气部分，与新添加的天然气一起再重新进行还原气的制备。冷却气从冷却区下部进炉，从冷却区上部抽出，同样也要经过洗涤、净化然后返回使用。

（4）直接还原铁的处理。出炉的直接还原铁，经筛分后，小于 3mm 的直接还原铁粉可以加粘结剂压块后供炼钢用。也可用喷吹的办法喷入炼钢熔池使用。对于热出料的竖炉，若用户离竖炉近，产品可用保温罐装运；若用户远，则热直接还原铁需进行热压块以减小表面积，增加致密度，防止再氧化。

4.5.3 气基竖炉直接还原工艺流程

Midrex 和 HYL 作为气基竖炉是应用最普遍、发展最成熟的直接还原工艺。既可用天然气作还原剂，也可直接使用 COREX 工艺产生的煤气、煤制气、焦炉煤气等进行生产。图 4-24、图 4-25 分别表示煤气和天然气作还原剂的竖炉直接还原工艺流程。

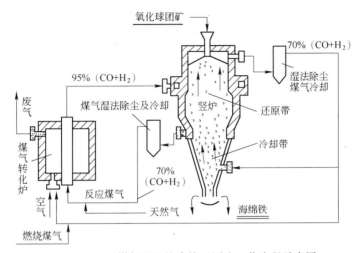

图 4-24 用煤气的竖炉直接还原法工艺流程示意图

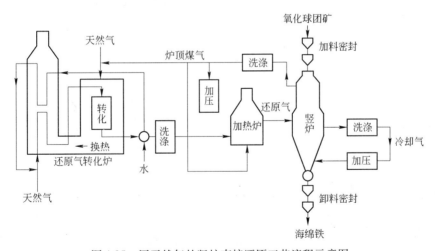

图 4-25 用天然气的竖炉直接还原工艺流程示意图

以米德莱克斯（Midrex）法为代表。用氧化球团和块矿作原料从炉顶加入，从竖炉中部进风口通入热还原气，炉料在与热风的逆向运动中逐渐被热还原气加热还原成海绵铁。为防止其氧化，再用竖炉下部送入的冷却气冷却到 100℃ 以下，或经钝化处理，或不经冷却将海绵铁在热态下压制成块状，又称热压块（HBI）。还原气利用竖炉炉顶气作氧化剂，采用换热催化转换装置重整天然气制得。米德莱克斯法传热、传质效率好，能耗低，产率高，质量好，装备已系列化，单机最大产量已达 75 万吨/年，发展最快。

罐式法也即希尔（HYL）法。该法作业稳定，设备可靠。推广很快。它是将铁矿石装入反应罐内，通入用天然气经水蒸气催化转化制备的还原气，依次完成预热、预还原、还原、渗碳冷却、成品从罐中卸出等工序。罐式法产品质量不均匀；经多次将还原气冷却、加热，因此热耗较大，煤气利用不好。20 世纪 70 年代，希尔萨公司在 HYL 工艺的基础上开发出高压逆流式移动床直接还原反应器，即 HYL Ⅲ 竖炉。HYL 法和 HYL Ⅲ 法合计的直接还原铁产量为仅次于米德莱克斯法。

4.5.4 竖炉直接还原工作原理

竖炉还原流程由竖炉还原带、炉顶煤气换热器、炉顶煤气激冷/洗涤系统、工艺气循环压缩机、压缩机二次冷却器、CO_2 吸收器、工艺气加湿器和工艺气加热器等组成。HYL-ZR 工艺是目前工艺成熟、技术先进、经济实用、环境友好的新工艺。其技术流程如图 4-26 所示。

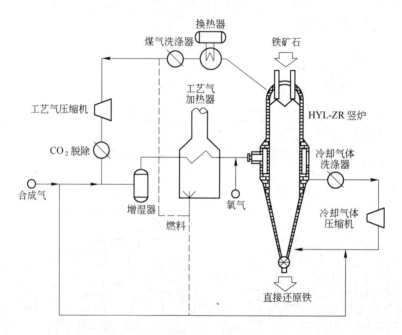

图 4-26 HYL－ZR 工艺直接还原流程示意图

竖炉的工作条件与高炉上部间接还原区相似，不出现熔化现象的还原冶炼过程，使用单一矿石料，没有造渣过程。竖炉还原过程的炉料下降、热交换、球团膨胀、铁矿的还原、析碳渗碳、脱硫、海绵铁的冷却及炉料在竖炉内停留等行为，直接影响着钒钛铁精矿在竖炉内的还原效果。

4.5.4.1 炉料的下降

炉料顺行，是竖炉还原的首要问题。竖炉内炉料下降的基本条件是，在炉内存在使其不断下降的空间。炉料是否下降，取决于炉内各个水平方向的力学关系。促使炉料下降的因素是炉料重力，炉料自身重量比煤气通过料层的总压差越大，越有利炉料的下降；反之，则不利于炉料的下降。当炉料自身重量接近或等于煤气通过料层的总压差时，就会产生难行和悬料现象。

研究发现钒钛矿氧化球团在还原过程中1100℃时会发生轻度粘结，1150℃即完全粘结。对于所用钒铁磁铁矿氧化球团，还原温度（风口带上部炉壁温度）控制在1050～1100℃，竖炉各部压力稳定、炉料顺行，下料口很少有粘结块增多，但当排料发生故障或排料速度偏低时，便很容易结炉。掌握适宜的还原温度，控制适宜的排料速度，可防止钒钛铁精矿球团的悬料和结炉，是确保竖炉顺行的关键。此外，采取措施减少钒钛磁铁矿球团还原过程中的膨胀和粉化也有利于炉料的顺行。

4.5.4.2 竖炉内的热交换

竖炉炉料被加热到一定温度，钒钛磁铁矿球团开始还原。还原气温度越高，越有利于钒钛磁铁矿的还原，但必须低于其荷重软化温度。炉料升温越快，还原反应越迅速，则生产率越高。为此，应以最快的速度将炉料加热至高温。为了避免钒钛磁铁矿氧化球团在还原过程中炉料高温软化黏结，入炉热还原气温度应低于1100℃。竖炉生产时，还原气消耗量决定于热载体的供热需要量。为保证竖炉高生产率，煤气出口温度不应过低；但为了能较好地利用还原气的化学能及不使燃料消耗过分升高，还原气流量也不能过大。既要维持竖炉的高生产率，又不使还原气化学能利用太差及消耗量过大，可以调整还原气成分。

4.5.4.3 钒钛铁精矿的还原

竖炉还原是一个固体炉料与气体还原剂逆向运动的移动床还原过程。竖炉内钒钛磁铁矿氧化球团的还原过程可简单表示如下：

赤铁矿：

$$3Fe_2O_3 + CO \Longrightarrow 2Fe_3O_4 + CO_2 \tag{4-3}$$

$$Fe_3O_4 + CO \Longrightarrow 3FeO + CO_2 \tag{4-4}$$

$$FeO + CO \Longrightarrow Fe + CO_2 \tag{4-5}$$

铁板钛矿：

$$Fe_2O_3 \cdot TiO_2 + CO \Longrightarrow 2FeO \cdot TiO_2 + CO_2 \tag{4-6}$$

$$2FeO \cdot TiO_2 + CO \Longrightarrow FeO \cdot 2TiO_2 + Fe + CO_2 \tag{4-7}$$

$$2(FeO \cdot TiO_2) + CO \Longrightarrow FeO \cdot 2TiO_2 + Fe + CO_2 \tag{4-8}$$

（以上反应式中，钛铁晶石及钛铁矿中均固溶有MgO）

对于钒钛磁铁矿氧化球团，当自由的FeO还原终了时，金属化率可达到77%左右；当含镁钛铁晶石还原终了时金属化率可达90%左右；而当含镁钛铁矿全部还原完毕时，金属化率则可达到98%。TiO_2及MgO等含量成分，决定了钒钛磁铁矿还原时还原气温度和成分。

对于钒钛铁精矿在竖炉中的还原过程可简单表示如下：

$$Fe_3O_{4固} + FeO \cdot TiO_{2固} + \frac{H_2}{CO} \longrightarrow 2FeO \cdot TiO_{2固} + 2FeO_固 + \frac{H_2O}{CO_2}$$

$$2FeO_固 + \frac{H_2}{CO} \longrightarrow Fe_固 + \frac{H_2O}{CO_2}$$

$$2FeO \cdot TiO_{2固} + \frac{H_2}{CO} \longrightarrow Fe_固 + FeO \cdot TiO_{2固} + \frac{H_2O}{CO_2}$$

$$FeO \cdot TiO_{2固} + \frac{H_2}{CO} \longrightarrow Fe_固 + TiO_{2固} + \frac{H_2O}{CO_2}$$

$$3TiO_{2固} + \frac{H_2}{CO} \longrightarrow TiO \cdot 2TiO_{2固} + \frac{H_2O}{CO_2}$$

$$2TiO_{2固} + MgO_{固} \longrightarrow MgO \cdot 2TiO_{2固}$$

钒钛铁精矿球团在竖炉中还原,膨胀和粉化现象明显低于氧化球团,有利于炉料的顺行。

4.5.4.4 析碳反应及渗碳

A 析碳反应及其影响

钒钛磁铁矿竖炉直接还原冶炼过程中,除还原反应外,还有析碳反应。反应方程式如下:

$$2CO \rightleftharpoons CO_2 + C\downarrow \tag{4-9}$$

$$CH_4 \rightleftharpoons 2H_2 + C\downarrow \tag{4-10}$$

析碳使钒钛磁铁矿球团强度降低,主要是因为析出的炭黑将在球团孔隙内沉积和膨胀,产生内应力,降低球团的强度,致使球团破裂,甚至粉化,影响料柱透气性。另外,析碳还会降低炉衬寿命。

B 海绵铁渗碳及影响因素

钒钛磁铁矿直接还原铁中的碳主要来源于 CO 分解析碳,其反应方程式如下:

$$2CO \rightleftharpoons CO_2 + C\downarrow \tag{4-11}$$

$$C + 3Fe \rightleftharpoons Fe_3C \tag{4-12}$$

$$3Fe + 2CO \rightleftharpoons Fe_3C + CO_2 \tag{4-13}$$

提高还原温度,可改善渗碳扩散条件,加快渗碳反应速度,直接还原铁含碳量增加;反之,含碳量下降。

4.5.4.5 还原过程中硫的行为

钒钛磁铁矿在竖炉直接还原过程中,铁氧化物和生成的海绵铁都吸收还原气中的硫,并与之发生反应,这一反应影响直接还原产品的质量和产量。为生产低硫海绵铁,高硫还原气进入竖炉以前应预先脱硫,脱硫后还原气的含硫量要小于 $0.03 g/m^3$。

4.5.4.6 海绵铁的冷却

竖炉直接还原钒钛磁铁矿所得产品海绵铁,在竖炉冷却带与水冷壁为冷却气进行热交换而降至50℃以下,方可排出竖炉。"大循环"冷却方式,是由冷却带下部加入冷却气,并与还原气混合对海绵铁进行冷却。冷却气用量越大,海绵铁冷却效果越好,但竖炉实际还原气(即反应气)成分越差。"小循环"冷却方式,是在冷却气中加入部分天然气,由于冷却气含有 CO_2 及 H_2O,在一定条件下,它们可与天然气中的 CH_4 发生强吸热反应。采用"小循环"冷却方式,可增加冷却气的冷却效果,又可改善"反应气"的成分,海绵铁金属化率也会得到提高。

4.5.4.7 炉料在竖炉内停留的时间

炉料在竖炉内停留的时间是通过排料速度控制的。钒钛磁铁矿球团在还原带停留时间增长,既增长了还原时间,对提高金属化率有利,球团在冷却带停留时间增长,有利于降低海绵铁出炉温度。但球团在竖炉停留时间增长,却导致竖炉有效容积利用率下降,生产成本增加,在操作上,既不利于控制炉风温度,也不利于炉料顺行。

4.5.5　竖炉还原工艺主要参数

竖炉还原工艺主要参数有：

（1）较高的还原气温度，有利于钒钛磁铁矿的还原，但必须低于其荷重软化温度。对于所用钒钛磁铁矿氧化球团，还原温度（风口带上部炉壁温度）控制在 1050 ~ 1100℃是适宜的。

（2）为稳定顶气加压机机前压力，保证炉顶除尘洗涤效果，竖炉还原钒钛磁铁矿时，炉顶实际压力一般为 0.17 ~ 0.20kg/cm²，竖炉风口带压力为 0.25 ~ 0.3kg。在保证球团顺行的条件下，较好的透气性有利于生产。

（3）钒钛铁磁矿竖炉直接还原气要求还原性成分（$H_2 + CO + C_nH_m$）较高，通常 $H_2 + CO > 90\%$；氧化性成分（$H_2O + CO_2$）低，通常应满足 $H_2O + CO_2 < 5\%$；惰性成分 $N_2 < 5\%$；还原气含硫低。根据竖炉工艺要求的不同，还原气压力有所不同。

（4）钒钛磁铁矿竖炉直接还原后，海绵铁金属化率可达 85% 以上，S 含量不大于 0.005%，TFe≥67.2%，含 C 量小于 1%，堆比重为 2.0 ~ 2.6t/m³，为下一步的冶炼提供了较好的原料。钒钛磁铁矿竖炉直接还原吨产品的热耗为 10.5 ~ 12.0GJ，折算煤气的消耗量为 850 ~ 1100m³。

4.6　流态化还原工艺

4.6.1　流态化还原工艺流程

流态化还原工艺指在流化床中用煤气还原铁矿粉的方法。在流态化法还原工艺中，煤气除用作还原剂及热载体外，还用作散料层的流化介质。图 4-27 示出流态化还原工艺的流程。

细粒矿石料层被穿过的气流流态化并依次被加热、还原和冷却。还原产品冷却后压块保存。

4.6.2　流态化设备

流态化设备又称流化床设备，一种利用气体或液体通过颗粒状固体层而使固体颗粒处于悬浮运动状态，并进行气固相反应过程或液固相反应过程的反应器。在用于气固系统时，又称沸腾床反应器。

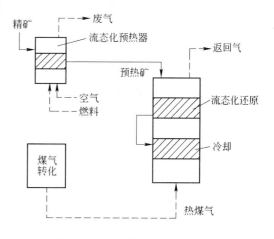

图 4-27　流态化还原工艺流程

流化床反应器在现代工业中的早期应用为 20 世纪 20 年代出现的粉煤气化的温克勒炉；但现代流化反应技术的开拓，是以 20 世纪 40 年代石油催化裂化为代表的。目前，流化床反应器已在化工、石油、冶金、核工业等部门得到广泛应用。

4.6.2.1　分类

按流化床反应器的应用可分为两类：一类的加工对象主要是固体，如矿石的焙烧，称为固相加工过程；另一类的加工对象主要是流体，如石油催化裂化、酶反应过程等催化反应过程，称为流体相加工过程。

流化床反应器的结构有两种形式：（1）有固体物料连续进料和出料装置，用于固相加工过程或催化剂迅速失活的流体相加工过程。例如催化裂化过程，催化剂在几分钟内即显著失活，须用上述装置不断予以分离后进行再生。（2）无固体物料连续进料和出料装置，用于固体颗粒性状在相当长时间（如半年或一年）内，不发生明显变化的反应过程。

典型的流化床设备有单层流化床、多层流化床、多室流化床和两器流化床。

单层流化床在床层底部设置一分布板，例如烧结板、多孔板、泡罩板等。开工前将固体颗粒加到板上形成床层，流体自下而上通过分布板，均匀地进入床层使颗粒层流化，然后从顶部离去。设备侧壁设有加料口和出料口，以连续加入和卸出固体物料。用出料口的位置控制床层高度。由于固体颗粒中常带有细粉，颗粒在床层中因摩擦、碰撞也会产生粉尘，因而离开床层的流体常带有粉尘，需予以回收。回收的粉尘可返回床层或直接作为产品。对于气固系统，常用的粉尘分离装置是旋风分离器（见离心沉降）和袋滤器（见过滤设备）。在流化床中，固体颗粒充分混合，因而用作传质设备时，相当于分级接触传质设备的一个级。

多层流化床。具有类似板式塔的结构，颗粒物料加到顶部床层，经溢流管逐层下降。流体先经底层分布板进入底部床层，逐层上升，使各层颗粒流态化，进行气固逆流分级接触。最后离开床层的流体须经分离装置回收夹带的粉尘。多层流化床正常运行的关键在于溢流管能否正常工作。为确保颗粒能通过溢流管顺利下降，而又防止流体穿过溢流管短路上升，在溢流管下端设置适当的堵头或其他装置。多层流化床不仅能起逆流多级接触的作用，有时还可根据工艺要求，在各床层中设置适当的换热面，以调节各层的温度。

多室流化床。设备的横截面一般为矩形，用垂直挡板将设备沿长度方向分成多室（一般 4～8 室）。挡板下沿与分布板面之间留有几十毫米的间隙，作为室间粉粒通道。最后一室有控制床面的堰板。流体平行进入各室，颗粒则依次通过各室，因此多室流化床不仅能抑制颗粒在整个床层内的返混，而且还能调节通入各室流体的流速和温度。多室流化床比多层流化床设备容易控制，总压降也小；但传热、传质推动力较多层床小，用于干燥时空气热量利用效率较差。

两器流化床。有两个流化床，在左侧流化床中，原料气与固体颗粒层接触进行某种操作（如吸附）；在右侧流化床中，用另外的气流进行失效颗粒的再生（如脱附），两流化床间由气力输送管连接进行颗粒输送，使整个操作能连续进行。

4.6.2.2　特性

与固定床反应器相比，流化床反应器的优点是：（1）可以实现固体物料的连续输入和输出；（2）流体和颗粒的运动使床层具有良好的传热性能，床层内部温度均匀，而且易于控制，特别适用于强放热反应；（3）便于进行催化剂的连续再生和循环操作，适于催化剂失活速率高的过程的进行，石油馏分催化流化床裂化的迅速发展就是这一方面的典型例子。

然而，由于流态化技术的固有特性以及流化过程影响因素的多样性，对于反应器来说，流化床又存在明显的局限性：（1）由于固体颗粒和气泡在连续流动过程中的剧烈循环和搅动，无论气相或固相都存在着相当广的停留时间分布，导致不适当的产品分布，降低了目的产物的收率；（2）反应物以气泡形式通过床层，减少了气 – 固相之间的接触机会，降低了反应转化率；（3）由于固体催化剂在流动过程中的剧烈撞击和摩擦，使催化剂加速粉化，加上床层顶部气泡的爆裂和高速运动、大量细粒催化剂的带出，造成明显的催化剂流失；（4）床层内的复杂流体力学、传递现象，使过程处于非正常条件下，难以揭示其统一的规律，也难以脱离经验放大、经验操作。

近年来，细颗粒和高气速的湍流流化床及高速流化床均已有工业应用。在气速高于颗粒夹带速度的条件下，通过固体的循环以维持床层，由于强化了气固两相间的接触，特别有利于相际传质阻力居重要地位的情况。但另一方面由于大量的固体颗粒被气体夹带而出，需要进行分离并再循环返回床层，因此，对气固分离的要求也就很高了。

4.6.3　流态化还原工艺特点

流态化还原有直接使用矿粉省去造块的优点，并且由于矿石粒度小而能加速还原。

缺点是：因细粒矿粉容易黏结，一般在 $600 \sim 700℃$ 不高的温度下操作，不仅还原速度不大，而且极易促成 CO 的析碳反应。碳素沉析过多，则妨碍正常操作。为了克服这一困难，流态化还原多采用价格高的高氢煤气。此外，流态化海绵铁活性很大，极易氧化自燃，需加处理，才便于保存和运输。

4.7　倒焰窑还原工艺

4.7.1　概述

倒焰窑主要应用于耐火材料厂，为提高烧成质量，19 世纪中期，国外已经开始采用倒焰窑来烧成瓷器，我国北方采用倒焰窑烧成瓷器大约开始于 1919 年以后，而南方过去一般以柴烧窑，倒焰窑在解放以后才开始推广。由于这种窑有许多优点，因而发展较快。在倒焰窑中，燃烧气体由燃烧室经过挡火墙，从喷火口进入窑内，先至窑顶，然后向下流经匣钵柱，再由窑底吸火孔经支烟道、主烟道，最后进入烟囱。由于气体大部分是垂直流动，气流分布较为均匀，因此窑内温差较小，温度制度比一般窑容易控制，产品的质量也较好。

典型的倒焰窑见图 4-28，其工作原理为：将煤加入燃烧室 2 的炉篦上。一次助燃空气由燃烧室下面的灰坑穿过炉篦，通过煤层并使之燃烧。燃烧产物自喷火口喷至窑顶，再自窑顶经过坯体倒流至窑底，经吸火孔 5、支烟道 6 及主烟道 7 流向烟囱底部，最后由烟囱排出。原料自装好至烧成出窑前一直停在窑内。当烟气流经原料时，以对流与辐射方式将热量传递给原料，因火焰在窑内倒流，故称倒焰窑。

4.7.2　倒焰窑结构

4.7.2.1　燃烧室

燃烧室又称火箱或火膛。它的构造应根据燃料种类（固体、液体或气体）的不同而不同。目前倒焰窑的烧成，一般以煤为燃料。在此以煤为燃料的燃烧室为例，其构造见图4-29。

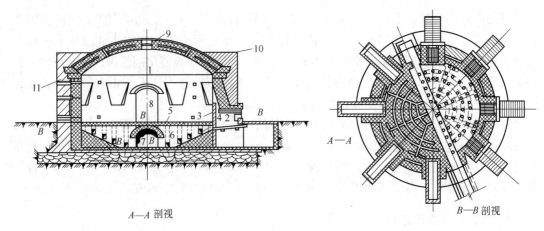

A—A 剖视   B—B 剖视

图 4-28   倒焰窑
1—窑室;2—燃烧室;3—挡火墙;4—喷火口;5—吸火孔;6—支烟道;
7—主烟道;8—窑门;9—窑孔顶;10—窑箍;11—看火孔

燃烧室的形状很多,目前普遍采用的燃烧室的形状是长方形,圆拱顶,炉栅位于窑墙内并且是微倾斜的。燃烧室包括:投碳口、过桥、炉条、燃烧空间、灰坑、挡火墙与喷火口。

4.7.2.2   吸火孔和窑底烟道

吸火孔与窑底组成一个整体,窑内燃烧废气经吸火孔而进入窑底烟道。吸火孔的面积大小及在窑内分布是否合理是直接关系到窑内温度是否均匀及操作是否能正常进行的一个重要因素。总面积应根据单位时间内最大燃料消耗量及空气过剩系数(强氧化阶段)来确定。目前吸火孔总面积大约采用火网面积的10%。配置原则是近燃烧室处少些,近窑门处多些。

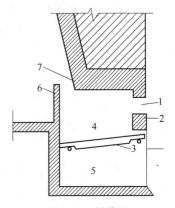

图 4-29   燃烧室
1—投碳口;2—过桥;3—炉条;
4—燃烧室;5—灰坑;6—挡火墙;
7—喷火口

进入吸火孔的燃烧气体,集中到窑底支烟道,然后再集中于主烟道,由主烟道导向烟囱。支烟道之横截面积应略大于所联结的吸火孔总面积,其具体数值应根据离烟囱的远近来确定。如窑离烟囱近,则可小些;反之,如窑离烟囱远,则要大一些。

吸火孔和窑底烟道结构是否妥当,是决定窑水平截面上温度是否均匀的一个重要因素。

4.7.2.3   窑外烟道

窑外烟道是指将窑与烟囱连接起来的烟道。烟道的截面积,可以按单位时间内最大废气量与废气应有流速来计算。目前采用较多的是根据火网面积来确定,使烟道面积与火网面积之比,控制在0.11~0.13间;增大截面虽可减小气体流动阻力,但建造费用也随之增大,烟道截面过小,气体流速增大,易引起涡流,增大阻力。

4.7.2.4   其他部位

窑墙是起支撑拱顶和围蔽的作用。它可减少窑的热量的损失。目前窑墙的建筑,一般均是里面用一层耐火砖，外面用数层红砖。

窑门的设计，以操作方便为准。每个窑均有 1~2 个窑门，以供制品进出用。

天眼也就是窑顶冷却孔，多设在窑顶中央部位，其直径约 200~300mm。在天眼上加设冷却风管，加速散热，以加速窑的冷却过程和缩短窑的周转时间。

看火孔是用来观察窑内火陷的情况和侧温锥（三角火锥）的情况，在窑墙周围及窑门上均设有看火孔。

清扫孔一般都留在烟道上，以便工人进入烟道进行清扫。

4.7.3 倒焰窑还原工艺及流程

倒焰窑直接还原铁工艺和隧道窑直接还原铁工艺都属于煤基直接还原法中的反应罐法。由于倒焰窑法工艺简单，主要采用廉价的非焦煤为还原剂，且生产规模小，投资省，因此倒焰窑直接还原铁工艺曾在国内得到应用，如山西长治惠达海绵铁厂。

倒焰窑钒钛磁铁矿直接还原工艺流程如图4-30所示。

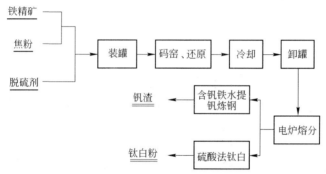

图 4-30 倒焰窑钒钛磁铁矿直接还原工艺

倒焰窑直接还原钒钛磁铁矿的操作工艺主要如下：

（1）原料与还原剂的准备。由于原料与还原剂中含有部分水分，因此在还原前应首先进行干燥，控制水分在2%以下；用焦炭或无烟煤作还原剂时，为了脱硫，都要掺以生石灰，煤炭或无烟煤与石灰干燥后，可采用辊式、颚式或其他类型的破碎机破碎。石灰与焦炭或无烟煤也可同时烘干与粉碎。用焦炭作还原剂时，石灰的加入量一般为10%。焦炭屑粒度最好为5mm左右。焦炭屑的灰分应低于30%，否则，须掺以新焦炭，将灰分调节到小于30%。木炭也需要干燥、破碎和过筛。

（2）装罐、码窑。装罐就是将还原剂与钒钛磁铁矿粉按一定比例（25%~35%）装于耐火罐中。耐火罐的寿命、装罐方法及装罐正确与否对铁粉的质量与生产成本都有很大影响。碳化硅耐火罐由于导热性好，使用寿命显著增长，一般可使用约60~100次。耐火罐的导热性不仅影响其使用寿命，而且影响罐中物料的还原速率。这对于提高铁粉质量，缩短还原时间，降低生产成本都很重要。碳化硅耐火罐的材料组成与性能见表4-12。

表 4-12 碳化硅耐火罐的材料组成和性能

成 分	SiC	SiO_2	Al_2O_3
含量/%	约74	约10	约6.8
孔隙率/%	抗压强度/kg·cm^{-2}	比重/g·cm^{-2}	导热率（350℃）/kcal·(m·h·℃)$^{-1}$
18~20	>550	2.35~2.4	10

装罐的方式有 3 种，见图 4-31。

1）钒钛磁铁矿与还原剂层层相间地平铺于耐火罐中。

2）钒钛磁铁矿与还原剂层层相间地垂直装于耐火罐中。

3）钒钛磁铁矿与还原剂以环状垂直相间接于耐火罐中。

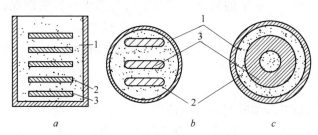

图 4-31　装罐方式示意图

1—耐火罐；2—还原剂；3—钒钛磁铁矿

码窑的方式可分为单边码窑和双边码窑两种。使相邻两个反应罐间隔 3～5cm，按照上述码窑方法自焙烧道表面一直码到窑顶或接近于窑顶，然后封堵窑门。根据窑的具体情况确定码窑的高度，要求每一层必须保持垂直，不能偏斜，以防止还原过程中出现坍塌现象。

（3）还原。还原的目的是在高温下以碳还原铁氧化合物制取海绵铁。倒焰窑的点火剂可以采用柴火或油，先将燃料放置在燃烧室，码窑结束并堵好窑门后，顺序点燃燃烧室内的燃料，空气从燃烧室的灰坑进入，一般控制在 12～14h 内升温至预设温度。热电偶插入方式分为顶插法和侧插法。根据原料的不同，以及装填量、窑面积等确定还原温度，一般还原温度控制在 1150℃，保温 24～36h。还原温度是影响生产率的一个重要因素，还原温度愈高，还原时间愈短，生产率愈高，海绵铁烧结愈厉害，粉碎愈困难。确定还原温度时应考虑到铁氧化合物的还原程度，使用 TFe 大于 70% 的富矿或铁鳞时，还原的海绵铁将金属铁含量控制在 95%～97% 为宜，这时，含碳量不高于 0.5%，金属铁含量再高时，海绵铁将急剧渗碳，致使海绵铁变硬，从而破碎性变坏；使用钒钛磁铁矿时，因矿粉中杂质含量高，会影响氧化铁的还原，一般金属铁控制在 60%～65%，金属化率达到 90%。

还原结束后，扒开窑顶及周围的密封黏土，待降温至约 200℃ 时，打开窑门，人工方式从外圈至内圈将耐火罐搬出，并取出其中的海绵铁锭。该产品未经熔化，仍保持矿石外形，由于在还原过程中失氧形成大量气孔，在显微镜下观察形似海绵而得名。海绵铁的特点是含碳低（<1%），并保存了矿石中的脉石。这些特性使其不宜大规模用于转炉炼钢，只适于代替废钢作为电炉炼钢的原料。富矿或铁鳞制得的海绵铁经粉碎、磁选后，在专门设计的还原炉中进行二次还原，可应用于粉末冶金；钒钛磁铁矿制取的海绵铁则采用电炉熔分工艺，根据处理方式有两条路线，一种是熔分时，使钒进渣相，所得到的生铁可直接用于炼钢生产，而钒钛渣可直接用于冶炼钒钛多元合金，或提钒后的钛渣用于硫酸法钛白粉的原料；另一种是钒进铁水，铁水提钒后直接炼钢，而钛渣则用于硫酸法制取钛白粉的原料，从而实现铁、钒、钛的综合利用。

由于倒焰窑法是间歇式操作，基本为手工作业，劳动条件差，生产周期通常为 4～6 天，生产效率低，耐火罐消耗多，产品质量波动大，而且原、燃料消耗大，已经基本被淘汰。

本 章 小 结

本章介绍了钒钛磁铁矿直接还原的多种工艺流程及各自的直接还原特点，重点介绍了转底炉煤基直接还原的试验研究和应用情况，指出了转底炉煤基直接还原、气基竖炉直接还原是今后攀枝花钒钛磁铁矿冶炼技术的新方向。

复 习 思 考 题

1. ITmk3 法的工艺流程及优点各是什么?
2. 钒钛磁铁矿转底炉煤基直接还原工艺新流程是什么?
3. 钒钛磁铁矿转底炉煤基直接还原工艺新流程的优点有哪些?
4. 请阐述隧道窑的还原工艺制度。
5. 简述车底炉还原工艺的主要参数。
6. 回转窑的工作原理是什么?
7. 分析钒钛铁精矿回转窑直接还原工艺的合理性。
8. 简述回转窑直接还原钛精矿制备富钛料的工艺过程。
9. 以天然气做能源的气体还原竖炉，有哪些相同的工艺特征?
10. 竖炉法中影响炉料顺行的因素有哪些?
11. 什么是海绵铁的大循环冷却方式和小循环冷却方式?
12. 流态化还原工艺的特点有哪些?
13. 请阐述倒焰窑的工作原理。
14. 倒焰窑的形式有哪些?
15. 请简要阐述倒焰窑的结构。
16. 请简述倒焰窑直接还原钒钛磁铁矿工艺过程。

参 考 文 献

[1] 周渝生. 非高炉炼铁工艺的现状及其发展 [J]. 冶金信息工作, 1997, (4): 18~27.
[2] 孙泰鹏. 非高炉炼铁工艺的发展及评述 [J]. 沈阳工程学院学报 (自然科学版), 2007, (1): 90~93.
[3] H B Luengen, K Muelheims, R Steff. 铁矿石直接还原与熔融还原的发展现状 [J]. 上海宝钢工程技术, 2001, (4): 27~43.
[4] 高文星, 董凌燕, 陈登福, 等. 煤基直接还原及转底炉工艺的发展现状 [J]. 矿冶, 2008, (6): 68~74.
[5] 范晓慧, 邱冠周, 等. 我国直接还原铁生产的现状与发展前景 [J]. 炼铁, 2002, (6): 52~54.
[6] 黄雄源, 等. 现代非高炉炼铁技术的发展现状与前景 (一) [J]. 金属材料与冶金工程, 2007, (6): 48~56.
[7] 王定武. 转底炉工艺生产直接还原铁的现况和前景 [J]. 冶金管理, 2007, (12): 52~54.
[8] 胡俊鸽, 吴美庆, 毛艳丽. 直接还原炼铁技术的最新发展 [J]. 钢铁研究, 2006, (4): 53~58.
[9] 杨宗坡, 李规华, 韩学义. 铁基粉末冶金 [M]. 东北工学院粉末冶金教研室, 1980: 1-3~1-15.

［10］中南矿冶学院粉末冶金教研室．粉末冶金设计［M］．1976：135～136.

［11］黄培云．粉末冶金原理［M］．北京：冶金工业出版社，2004：7～37.

［12］赵红全．新型隧道窑生产直接还原铁实践［J］．昆钢科技，2009，(1)：26～28，37.

［13］内部资料．用还原磨选法从攀枝花铁精矿制取天然微合金铁粉铁基零件及综合利用钒钛的研究．1990.

［14］胡俊鸽，毛艳丽，赵小燕．气基竖炉直接还原技术的发展［J］．鞍钢技术，2008，(4)：9～12.

［15］杨若仪，千正宁，金明芳．煤气化竖炉生产直接还原铁在节能减排与低碳上的优势［J］．钢铁技术，2010，(5)：1～4.

［16］邱冠周，黄柱成，姜涛，等．新型煤基竖炉直接还原工艺的探讨［J］．烧结球团，1998，23(5)：21～24.

［17］赵庆杰，李艳军，储满生，等．直接还原铁在我国钢铁工业中的作用及前景展望［J］．攀枝花科技与信息，2010，35 (4)：1～10.

［18］徐辉，邹宗树，周渝生，等．竖炉生产直接还原铁过程的模型研究［J］．世界钢铁，2009，(2)：1～4.

［19］钱晖，周渝生．HYL-Ⅲ直接还原技术［J］．世界钢铁，2005，(1)：16～21.

5 钒钛磁铁矿非高炉还原技术经济分析及发展趋势

+-+

本章学习要点:

1. 直接还原—电炉炼铁工艺与高炉炼铁工艺技术经济对比分析;
2. 非高炉还原工艺的发展趋势及前景。

+-+

5.1 直接还原—电炉炼铁工艺与高炉炼铁工艺技术经济对比分析

5.1.1 对比分析的基础条件

假设一个年产铁水 100 万吨的炼铁厂,分别用传统高炉炼铁流程和转底炉—电炉熔分流程进行生产,然后对两者在铁精矿、还原剂、燃料、辅助材料消耗等方面做对比。铁水成分见表 5-1,其余各种原料中 TFe 含量见表 5-2。

表 5-1 铁水成分 (%)

Fe	Mn	Si	P	S	V	Ti	C
95.12	0.26	0.07	0.06	0.07	0.29	0.10	4.03

表 5-2 各种原料中 TFe 含量

原料名称	铁精矿	烧结矿	球团矿	转底炉还原铁
TFe 含量/%	63	55	62	80

传统高炉炼铁流程,采用 90% 的烧结矿、10% 的球团矿,另外将外购的焦炭、石灰石一同装入高炉炼制铁水。工厂组成:原料场 1 个;$4m^2$ 竖炉球团厂 2 座,年产 15 万吨球团;$240m^2$ 烧结机 1 台,年产 150 万吨烧结矿;$1200m^3$ 高炉 1 座,年产铁水 100 万吨;公辅设施 1 套。

转底炉煤基直接还原—电炉熔分流程,采用 100% 的转底炉直接还原铁,热装电炉,外配加石灰炼制铁水。工厂组成:原料场 1 个;$\phi60m$ 转底炉还原车间 2 个,年产直接还原铁 120 万吨;125t 超高功率电炉 2 座,年产铁水 100 万吨;公辅设施 1 套。

5.1.2 投资比较

投资比较见表 5-3、表 5-4。由于传统高炉炼铁流程比转底炉—电炉熔分流程多了烧结和球团工艺,工序也相对复杂许多,所以吨铁投资比直接还原—电炉熔分流程高

281 元。

表 5-3　高炉炼铁流程投资

序　号	项　目	数　量	投资/万元
1	原料场	1	8000
2	4m² 竖炉球团厂	2	7000
3	240m² 烧结机厂	1	35000
4	1200m³ 高炉	1	50000
5	公辅设施	1	15000
合　　计			115000

注：公辅设施按基建投资的 15% 计。

折合成每吨铁生产成本：115000 万元/100 万吨 = 1150t/吨铁。

表 5-4　转底炉—电炉熔分流程

序　号	项　目	数　量	投资/万元
1	原料场	1	7000
2	ϕ60m 转底炉还原车间	2	40000
3	125t 超高功率电铁车间	2	21000
4	公辅设施	1	18900
合　　计			86900

注：公辅设施按基建投资的 15% 计。

折合成每吨铁生产成本：86900 万元/100 万吨 = 869 元/吨铁。

5.1.3　成本比较

两种流程的成本比较如下：

（1）车间动力消耗。

1）传统高炉流程。

高炉每吨铁水耗电：120kW·h

每吨球团耗电：38kW·h

每吨烧结矿耗电量：40kW·h

高炉流程每吨铁水总耗电：$\dfrac{0.9512 \times 0.1 \times 38 kW \cdot h}{0.62} + \dfrac{0.9512 \times 0.9 \times 40 kW \cdot h}{0.55} + 120 kW \cdot h$

$$= 5.83 + 62.26 + 120 = 188.09 kW \cdot h$$

2）转底炉—电炉熔分流程。

转底炉每吨还原铁耗电：80kW·h

每吨铁水耗电：$\dfrac{0.9512}{0.8} \times 80 kW \cdot h = 95.12 kW \cdot h$

电炉辅助设施耗电：30kW·h

转底炉及电炉每吨铁水耗电总计：95.12 + 30 = 125.12kW·h

（2）辅助材料消耗。

1）传统高炉流程。高炉用石灰石 20kg/t 铁水，烧结矿用石灰石 160kg/t 烧结矿，烧结用生石灰 30kg/t 烧结矿，球团矿用皂土 30kg/t 球团。

每吨铁水用辅助材料：$20 + \dfrac{0.9512 \times 0.9}{0.55} \times (160 + 30)$

$$= 20 + 295.74 + 4.60 = 320.35 \text{kg}$$

2）转底炉—电炉熔分流程。转底炉球团用粘结剂 20kg/t 还原铁，电熔化炉用石灰 60kg/t 铁水，电熔化炉用电极 1.5kg/t 铁水。

每吨铁水用辅助材料：$\dfrac{0.9512}{0.8} \times 20 + 60 + 1.5$

$$= 23.8 + 60 + 1.5 = 85.3 \text{kg}$$

（3）铁原料消耗计算。

1）传统高炉流程。

每吨铁水需烧结矿耗精矿粉：$\dfrac{0.9512 \times 0.9}{0.55} \times 900 \times 1.02 = 1428.88 \text{kg}$（每吨烧结矿耗矿粉 900kg，机械损耗 2%）

每吨铁水需球团矿耗精矿粉：$\dfrac{0.9512 \times 0.1}{0.62} \times 1100 \times 1.02 = 172.14 \text{kg}$（每吨球团矿耗矿粉 1100kg，机械损耗 2%）

每吨铁水总共耗精矿粉：$1428.88 + 172.14 = 1601.02 \text{kg}$

2）转底炉—电炉熔分流程。

每吨直接还原铁耗精矿粉：$\dfrac{0.8}{0.63} \times 1.02 = 1.30 \text{t}$

每吨铁水耗直接还原铁：$\dfrac{0.9512}{0.8} \times 1.02 = 1.21 \text{t}$

每吨铁水共耗精矿粉：$1.30 \times 1.21 = 1570 \text{kg}$

通过对两种流程在铁精矿、还原剂燃料、辅助材料、车间动力消耗等方面的计算，得出两种流程的吨铁成本（见表 5-5）。通过对传统高炉流程和转底炉—电炉熔分流程的对比，发现二者在精矿粉、还原剂、燃料以及辅助材料的消耗上都有不同的差异，经过简单的计算，直接表现为吨铁成本的差距。从表 5-5 中可以看出，高炉流程生产 1t 铁水需 1149.6 元，转底炉—电炉熔分流程生产 1t 铁水需 1041.65 元，相差 107.95 元，达 9.4%。

表 5-5　两种流程的吨铁成本

序　号	内　容	单　位	单价/元	高炉流程		转底炉直接还原—电炉熔分流程	
				单耗	费用/元	单耗	费用/元
1	精矿粉	t	280			1.554	435
	球团矿	t	400	0.195	63.6		
	烧结矿	t	350	1.615	565		
	小计				628.6		435
2	焦炭	t	800	0.59	472		
	煤	t	400			0.4	160
	天然气	m³	2.0			80	160
	电能	kW·h	0.4			450	180
	小计				472		500

续表5-5

序　号	内　容	单　位	单价/元	高炉流程		转底炉直接还原—电炉熔分流程	
				单耗	费用/元	单耗	费用/元
3	灰石	kg	0.05	20	1		
	石灰	kg	0.1			60	6
	粘结剂	kg	1.5			23.5	35.25
	电极	kg	10.0			1.5	15
	小计				1		56.25
4	电	kW·h	0.4	120	48.0	126	50.4
总　　计					1149.6		1041.65

5.1.4　能耗比较

在产能较低的情况下，一般认为直接还原—电炉炼铁流程的能耗要高于高炉炼铁流程，其原因一方面是直接还原—电炉流程除了消耗天然气以外，还需消耗大量电能；另一方面是因为在产能较小的情况下，直接还原—电炉熔分流程的规模优势难以发挥出来，造成了吨铁成本比高炉炼铁略高。但值得注意的是，直接还原—电炉熔分流程消耗的能源与高炉炼铁流程消耗的能源结构是有差别的，尤其是煤基直接还原—电炉流程，该流程以普通煤种为主，无需优质的冶金焦煤。因此在能耗比较时，不仅要考虑能源的数量，同时要考虑能源消耗的种类及其价值。

由于在转底炉—电炉熔分流程中几乎不用焦炭，而多采用其他能源，所以这里将用到的燃料都折算成标准煤，方便比较。各种能源折标准煤系数见表5-6。

表5-6　各种能源折标准煤系数

能 源 名 称	折标准煤系数
原　煤	0.7143kg 标准煤/kg
焦　炭	0.9714kg 标准煤/kg
气田天然气	1.2143kg 标准煤/m³
电力（当量）	0.1229kg 标准煤/（kW·h）（火力发电效率）

（1）传统高炉流程。

烧结矿用焦粉量：$\dfrac{0.9512 \times 0.9}{0.55} \times 55 = 85.61$kg（每吨烧结矿耗焦粉55kg）

高炉用焦炭量：590kg（每吨铁水耗焦炭590kg）

焦碳用量合计：85.61 + 590 = 675.61kg

每吨铁水折合成标准煤：675.61 × 0.9714 = 656.29kg

高炉每吨铁水耗电量：120kW·h

每吨球团耗电量：38kW·h

每吨烧结矿耗电量：40kW·h

高炉流程每吨铁水总耗电量：$\dfrac{0.9512 \times 0.1 \times 38kW \cdot h}{0.62} + \dfrac{0.9512 \times 0.9 \times 40kW \cdot h}{0.55} +$

$120kW \cdot h$

$= 5.83 + 62.26 + 120 = 188.09kW \cdot h$

（2）转底炉—电炉熔分流程。

转底炉还原铁用煤：400kg/t DRI，折合成标准煤：$400 \times 0.7413 = 296.52kg$；

转底炉还原铁用天然气：80m³/tDRI，折合成标准煤：$80 \times 1.2143 = 97.144kg$；

电炉耗电：450kW · h/tDRI，折合成标准煤：$450 \times 0.1229 = 55.309kg$；

每吨铁水共耗标煤：$\dfrac{0.9512}{0.8} \times (296.52kg + 97.144kg) + 55.309kg = 523.38kg$

转底炉每吨还原铁耗电：80kW · h

每吨铁水耗电：$\dfrac{0.9512}{0.8} \times 80 = 95.12kW \cdot h$

每吨铁水电炉辅助设施耗电：30kW · h

转底炉及电炉每吨铁水耗电总计：$95.12 + 30 = 125.12kW \cdot h$

由以上计算分析可知，高炉炼铁流程每吨铁水消耗还原剂和燃料为656.29kg，转底炉—电炉熔分流程每吨铁水消耗还原剂和燃料为523.38kg，比起高炉流程节约132.91kg，约为20.3%。高炉炼铁流程每吨铁水耗电能188.09kW · h，而转底炉—电炉熔分流程每吨铁水耗电能125.12kW · h，比起高炉流程节约62.97kW · h，约为33.4%。

5.1.5 转底炉直接还原工艺处理钒钛磁铁矿的技术经济分析

采用转底炉—电炉熔分流程处理钒钛磁铁矿，获得了金属化率大于90%的金属化球团。在此基础上，通过电炉深还原工艺实现了钒钛磁铁矿中铁、钒与钛的分离，获得了[V] >0.40%的含钒铁水和（TiO_2）>49%的含钛炉渣。通过进一步的铁水提钒、钒渣提钒和硫酸法提钛处理，生产出合格的半钢、片状V_2O_5和钛白产品，元素回收率分别达到88%、42%和75%，最终实现了铁、钒、钛的分离和综合回收利用。

与高炉流程相比，基于转底炉直接还原技术的钒钛磁铁矿处理工艺流程能够实现铁、钒、钛元素综合回收利用，两种流程的元素回收率比较结果见图5-1。

从图5-1可见，从钒钛磁铁矿至半钢、片状V_2O_5和钛白，高炉流程的铁、钒、钛元素回收率分别为89%、47%和0%，基于转底炉直接还原的本流程则分别为88%、42%和75%。与高炉流程相比，本流程的铁回收率基本相当，钒回收率由于受钒渣SiO_2含量高的影响比高炉流程低5个百分点，而最显著的差异是本流程回收了钒钛磁铁矿中绝大部分的钛，实现了铁、钒、钛元素同时回收利用。

与钒钛磁铁矿高炉冶炼流程相比，本流程的铁回收率基本持平，钒回收率低5个百分点，钛回收率则达到75%左右，实现了铁、钒、钛元素综合回收利用。从表5-7可见，对于年处理50万吨钒钛磁铁矿而言，毛利润可达35460万元，吨矿利润达到700元以上，说明本工艺流程在经济、技术上可行，具有较强的竞争力。

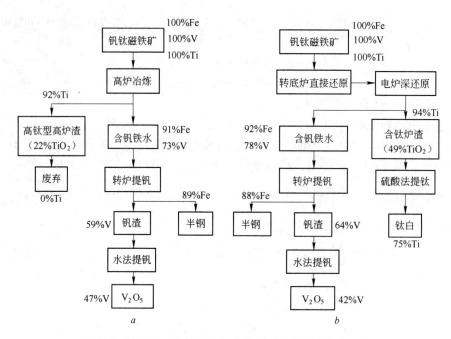

图 5-1　转底炉—电炉流程与高炉流程元素回收率的比较

a—高炉流程/生产数据；b—转底炉—电炉流程/240t 工业试验数据

表 5-7　年处理 50 万吨钒钛磁铁矿的经济评估

投　入			产　出		
序　号	项　目	金额/万元	序　号	项　目	金额/万元
1	原料	56400	1	半钢	44194
2	水	583	2	片状 V_2O_5	15593
3	电	15080	3	钛白	58500
4	气	4500			
5	人工	2500			
6	折旧及维修	3764			
合　计		82827	合　计		118287

5.1.6　对比分析的结论

对比两种流程，可得出以下几方面结论：

（1）基建投资。由于传统高炉系统庞大且复杂，吨铁投资为 1150 元。而转底炉—电炉熔分系统相对较为简单，吨铁投资为 869 元，比高炉低 281 元，约 24.43%。

（2）生铁成本。由于如今冶金焦的价格一直居高不下，传统高炉流程每生产 1t 铁水需要成本 1149.6 元。而转底炉几乎不使用焦炭，取而代之的是煤，煤在我国储量相当丰富，因此煤在我国的价格远远低于焦炭，所以转底炉—电炉熔分流程生产 1t 合格铁水要 1041.65 元，比高炉大概低 108 元。如果焦炭的价格降低或者可以再适当的调整下焦比，那么两种流程的生产成本会很相近。

（3）从物料消耗、还原剂和熔化的能耗消耗比较可以看出，两者流程基本相近；工序多的高炉流程，因增加了烧结和球团工艺，相对消耗要多一点。传统高炉流程电耗为

188.09kW·h/t 铁水，比转底炉—电炉熔分流程的 125.12kW·h/t 铁水高出62.97kW·h。因为高炉流程环节多，耗电设备多，系统复杂。

（4）辅助材料。传统高炉流程每吨铁水消耗 320.35kg，而转底炉—电炉熔分流程仅为 85.3kg，比高炉流程少 235.05kg，节约 73.4%。这主要是因为高炉多出的烧结和球团工艺都要消耗辅助材料，其次高炉的产品是液态铁水，要靠辅助材料来造渣去除 S、P 等杂质。而转底炉流程的产品海绵铁是固体，在转底炉内不用造渣，故对辅助材料的消耗要低于高炉。

（5）直接还原工艺可以处理钒钛磁铁矿，除了具有在处理一般铁矿所具有的优势外，还可以将钒钛磁铁矿中大部分的钛提取出来，这一点可以说是直接还原工艺比高炉炼铁工艺最具竞争性的特点。

5.2　非高炉还原工艺发展趋势及技术前景

人类炼铁技术已从古老的块炼铁发展至当今空前成熟的高炉炼铁，其生产效率已近顶峰。消耗的下降，使得生产成本大幅度降低。高炉生产的竞争力达到前所未有的水平。然而，随着高炉容积的扩大，高炉的有效高度也随之增高，5580m^3 高炉的有效高度已达35m。为了保持高炉良好的透气性，要求所用的矿石及焦炭必须有很高的强度，这不仅使原料加工复杂化，且提高了主焦煤的使用比例。

高炉自身的发展带来的问题主要有三点：一是烧结矿、球团矿和焦炭的生产，以及这些原、燃料在满足大高炉的生产中，造成了严重的大气、水及粉尘污染；二是主焦煤在高炉生产中耗用太多，而世界普遍存在其储量比例较少的问题，这势必给高炉的后续发展带来危机感；三是高炉规模大会导致铁、烧、焦生产设备庞大、复杂，生产流程过长，则增加了投资、降低了竞争力。

人类社会的可持续发展是 21 世纪的首要问题，对环境提出了越来越高的要求。近十余年来，钢铁市场竞争愈演愈烈，各国都在不断强化新工艺的研究，现代非高炉炼铁技术研发空前活跃。非高炉炼铁法是除高炉外不用焦炭炼铁的各种工艺方法的统称。根据产品为固态铁或液态铁水或半钢可分为直接还原法和熔融还原法两大类。不断涌现的包含现代非高炉炼铁技术的各种新流程、新方法对炼铁技术的革命正悄悄地进行。

熔融还原是当代钢铁工业前沿技术之一。它被提出时的原意是指："含碳铁水在高温熔融状态下与含铁的熔渣即熔化的铁矿石产生反应，这就是熔融还原。"在高温下液态之间的还原反应速度要比气固体间反应速度快得多。后来，随着实际工作的进展，泛指用非焦煤直接生产出热态铁水的工艺均称为熔融还原。

作为一种可以直接使用煤粉和铁矿粉，而且在以熔融还原（还原速度快）为主要特点的炼铁工艺，对冶金学家来说是一种长期追求的理想工艺。该类技术共同的技术特点有：采用纯氧鼓风，铁浴煤气（向炉缸中吹入煤粉生成煤气），流化床传热升温和还原，高温高压，还原煤气的净化和有效利用等。理论研究的成果很多。实验室研究和小型工业试验较多。但进行工业性试验的仅有 COREX、FINEX、HISMELT 等少数。熔融还原应用于工业生产尚有许多问题需解决，如各种耐高温同时又耐磨的材料和设备（包括喷枪、阀门等）；高温煤气的除尘、回收和再利用；流化床对原料的粒度的严格要求以及在较小规模时，投资较省和获得较好和稳定的技术经济指标等问题需要进一步研究解决和开发。因而熔融还原作为一项炼铁的新技术真正进入工业性大规模生产还要走较长的路。在某一个地区，采用某项工艺生产 DRI 或铁水，矿石、能源的成本最低，经营费用最少，则该工艺在当地就最有前途。

5.2.1　非高炉还原工艺发展趋势

直接还原炼铁新工艺，概括地说可以分成三大类。一类是流化床法，即将所处理的固体破碎、研磨成细粉，增加固体和气体的接触面积，缩短颗粒内部的传递和反应距离。自下而上流经这些粉料的气体在到达一定速度时会将固体颗粒悬浮起来，使之不断运动，犹如流体，在这种状态下进行铁矿粉的还原称之为流化床法。第二类是转底炉法，即是在一个环形炉窑中，炉底在转动，经过所需不同的温度段，完成所需反应后出炉。第三类是煤制气法，将煤制成气后和 MIDREX 或 HYL 法相结合生产直接还原铁。

非高炉还原工艺的发展趋势有：

（1）采用粉矿。适用于直接还原炼铁的优质块矿不断减少，而用球团又会增加成本。研究表明，采用粉矿可以在原料方面节约 25～30 美元/t，可降低海绵铁成本 25%。韩国成功地在 Corex 装置上采用粉矿，产量增加 15%。

（2）采用煤做燃料。发展中国家在向工业化发展的过程中，将不会像过去那样享受廉价的天然气能源。近年开发了采用煤粉的工艺，如 ITmk3、FASTMET 等。美国德士古公司和墨西哥希尔萨以及一家德国公司，联合开发出将煤、氧混合并在气化炉中气化，得到大量还原气，并以它为还原剂通入到 HYL-Ⅲ 设备中，进行直接还原铁生产。

（3）设备大型化。1997 年以后建成的 MIDREX 和 HYL-Ⅲ，单体规模绝大多数大于80 万吨/年，最大达到 136 万吨/年。MIDREX 的下一步目标是达到单体规模 200 万吨/年，最终达到 400 万吨/年。

5.2.2　非高炉还原工艺的技术前景

从技术上比较，直接还原工艺仍以竖炉—球团（块矿）法最有竞争力（投资最少、成本最低、技术最成熟、生产率最高），但非高炉炼铁原料的发展趋势正显示出从使用块矿向使用廉价的粉矿的转移，从使用天然气向非结焦煤作燃料转移。气基竖炉直接还原以MIDREX 和 HYL 为代表的生产技术在世界直接还原铁的生产领域取得了极大成功，年产量已达 4000 万吨左右，而且在富产天然气的地区呈现快速增长的势头。这一生产技术和电炉炼钢相结合（并采用气力输送），有人称其为目前最节能、最环保的钢铁生产流程。但是此类技术的应用受到了是否生产天然气的严格的地域性限制，同时还受到天然气价格不断上升的严重威胁。寻找和采用新的还原气来源已成为这一技术发展的方向。煤基的回转窑还原铁生产技术，不管是采用球团矿（块矿）的二步法和采用铁精矿为原料的一步法，直接还原都取得了成功。但是，这一技术的问题是生产规模较小（一般单窑规模不超过 20 万吨/年）、不能生产热压块适于长途海运以及仍有一定程度的环境污染。该类技术在一定的地域、国家和地区（如南非、印度、中国）得到了一定的发展。用煤为主的转底炉（RHF）技术，以 Fastmelt 和 Redmelt 为代表，近年来在世界上发展迅速起来，我国也有研究和开发。该技术虽已趋于成熟，但仍有不少工业应用技术需进一步改进。

　　针对我国绝大多数地区缺油少气，非焦煤资源供应充足且相对廉价的条件，发展主要以煤为燃料和还原剂的高效冶炼工艺最有前途。例如 COREX 熔融还原炼铁设备及利用 COREX 输出煤气进行直接还原的竖炉或流态化炉，就是这类可以首选的工艺。此外，可以直接使用较廉价的粉矿、铁精矿粉和粉煤的冷固结含碳球团，氧化球团作原料的炼铁新工艺，如 FINEX、FASTMET 等工艺如能大型化并实现经济生产，也将是很有竞争力的新炼铁技术。随着电炉短流程及小型紧凑型钢铁厂的迅速发展，作为高炉炼铁工艺的补充及就近向炼钢炉供应优质炉料的生产设备，非高炉炼铁技术将迅速发展和进步。

本 章 小 结

　　对一个工艺的技术评价通常包括：工艺原料、能源消耗、生产成本、效益等内容。对于非高炉炼铁，研究人员除关注以上数据之外，更关心与传统高炉炼铁工艺的对比分析。本章以转底炉直接还原—电炉炼铁工艺与传统的高炉炼铁工艺为例进行技术经济分析，从目前中国的实际情况出发，看发展非高炉炼铁工艺的优势与劣势，并简要介绍了非高炉还原工艺的发展趋势。

复习思考题

1. 直接还原—电炉炼铁工艺与高炉炼铁工艺技术经济对比分析的基础条件是什么？
2. 转底炉—电炉熔分流程在成本、能耗、投资等方面和高炉炼铁工艺相比有什么特点？

参 考 文 献

[1] 秦廷许. 转底炉直接还原—电炉炼铁流程与高炉炼铁流程的技术经济对比 [J]. 江苏冶金，2004，32 (2)：9～11.

[2] 刘征建，杨广庆，薛庆国，等. 钒钛磁铁矿含碳球团转底炉直接还原实验研究 [J]. 过程工程学报，2009，(9) (增刊 1)：51～55.

[3] 周渝生，钱晖，张友平，等. 非高炉炼铁技术的发展方向及策略 [J]. 世界钢铁，2009，(1)：1～8.

[4] 杨双平，冯燕波，曹维成，等. 直接还原技术的发展及前景 [J]. 甘肃冶金，2006，28 (1)：7～10.

冶金工业出版社部分图书推荐

书 名	定价(元)
高炉设计——炼铁工艺设计理论与实践	136.00
高炉炼铁生产技术手册	118.00
实用高炉炼铁技术	29.00
钢铁冶金原理（第3版）	40.00
冶金传输原理基础	38.00
钢铁冶金学（炼铁部分）（第2版）	29.00
现代冶金学（钢铁冶金卷）	36.00
高炉生产知识问答（第2版）	35.00
高炉喷煤技术	19.00
高炉炼铁基础知识	38.00
铁矿粉烧结生产	23.00
高炉炉前操作技术	25.00
高炉热风炉操作技术	25.00
球团矿生产知识问答	19.00
烧结生产技能知识问答	46.00
高炉炼铁设计原理	25.00
高炉过程数学模型及计算机控制	28.00
高炉炼铁过程优化与智能控制系统	36.00
高炉砌筑技术手册	66.00
筑炉工程手册	168.00
耐火材料手册	188.00
工业窑炉用耐火材料手册	118.00
高炉冶炼操作技术	30.00
钢铁冶金的环保与节能	39.00
冶炼设备维护与检修	49.00
钢铁企业原料准备设计手册	106.00
烧结设计手册	99.00
冶金原燃料生产自动化技术	58.00
炼铁生产自动化技术	46.00
炼铁节能与工艺计算	19.00